decoration

中华人民共和国成立 70 周年建筑装饰行业献礼

东亚装饰精品

中国建筑装饰协会　组织编写
东亚装饰股份有限公司　编著

中国建筑工业出版社

东亚装饰

中华人民共和国成立 70 周年建筑装饰行业献礼

dongya decoration

editorial board

丛书编委会

foreword

序一

中国建筑装饰协会名誉会长
马挺贵

伴随着改革开放的步伐，中国建筑装饰行业这一具有政治、经济、文化意义的传统行业焕发了青春，得到了蓬勃发展。建筑装饰行业已成为年产值数万亿元、吸纳劳动力 1600 多万人，并持续实现较高增长速度、在社会经济发展中发挥基础性作用的支柱型行业，成为名副其实的"资源永续、业态常青"的行业。

中国建筑装饰行业的发展，不仅有着坚实的社会思想、经济实力及技术发展的基础，更有行业从业者队伍的奋勇拼搏、敢于创新、精益求精的社会责任担当。建筑装饰行业的发展，不仅彰显了我国经济发展的辉煌，也是中华人民共和国成立 70 周年，尤其是改革开放 40 多年发展的一笔宝贵的财富，值得认真总结、大力弘扬，以便更好地激励行业不断迈向新的高度，为建设富强、美丽的中国再立新功。

本套丛书是由中国建筑装饰协会和中国建筑工业出版社合作，共同组织编撰的一套展现中华人民共和国成立 70 周年来，中国建筑装饰行业取得辉煌成就的专业科技类书籍。本套丛书系统总结了行业内优秀企业的工程施工技艺，这在行业中是第一次，也是行业内一件非常有意义的大事，是行业深入贯彻落实习近平社会主义新时期理论和创新发展战略，提高服务意识和能力的具体行动。

本套丛书集中展现了中华人民共和国成立 70 周年，尤其是改革开放 40 多年来，中国建筑装饰行业领军大企业的发展历程，具体展现了优秀企业在管理理念升华、技术创新发展与完善方面取得的具体成果。本套丛书的出版是对优秀企业和企业家的褒奖，也是对行业技术创新与发展的有力推动，对建设中国特色社会主义现代化强国有着重要的现实意义。

感谢中国建筑装饰协会秘书处和中国建筑工业出版社以及参编企业相关同志的辛勤劳动，并祝中国建筑装饰行业健康、可持续发展。

为了庆祝中华人民共和国成立 70 周年，中国建筑装饰协会和中国建筑工业出版社合作，于 2017 年 4 月决定出版一套以行业内优秀企业为主体的、展现我国建筑装饰成果的丛书，并作为协会的一项重要工作任务，派出了专人负责筹划、组织，以推动此项工作顺利进行。在出版社的强力支持下，经过参编企业和协会秘书处一年多的共同努力，该套丛书目前已经开始陆续出版发行了。

建筑装饰行业是一个与国民经济各部门紧密联系、与人民福祉密切相关、高度展现国家发展成就的基础行业，在国民经济与社会发展中发挥着极为重要的作用。中华人民共和国成立 70 周年，尤其是改革开放 40 多年来，我国建筑装饰行业在全体从业者的共同努力下，紧跟国家发展步伐，全面顺应国家发展战略，取得了辉煌成就。本丛书就是一套反映建筑装饰企业发展在管理、科技方面取得具体成果的一套书籍，不仅是对以往成果的总结，更有推动行业今后发展的战略意义。

党的十八大之后，我国经济发展进入新常态。在创新、协调、绿色、开放、共享的新发展理念指导下，我国经济已经进入供给侧结构性改革的新发展阶段。中国特色社会主义建设进入新时期后，为建筑装饰行业发展提供了新的机遇和空间，企业也面临着新的挑战，必须进行新探索。其中动能转换、模式创新、互联网＋、国际产能合作等建筑装饰企业发展的新思路、新举措，将成为推动企业发展的新动力。

党的十九大提出"人民日益增长的美好生活需要和不平衡不充分的发展之间的矛盾"是当前我国社会主要矛盾，这对建筑装饰行业与企业发展提出新的要求。人民对环境质量要求的不断提升，互联网、物联网等网络信息技术的普及应用，建筑技术、建筑形态、建筑材料的发展，推动工程项目管理转型升级、提质增效、培育和弘扬工匠精神等，都是当前建筑装饰企业极为关心的重大课题。

本套丛书以业内优秀企业建设的具体工程项目为载体，直接或间接地展现对行业、企业、项目管理、技术创新发展等方面的思考心得、行动方案和经验收获，对在决胜全面建成小康社会，实现两个一百年的奋斗目标中实现建筑装饰行业的健康、可持续发展，具有重要的学习与借鉴意义。

愿行业广大从业者能从本套丛书中汲取营养和能量，使本套丛书成为推动建筑装饰行业发展的助推器和润滑剂。

dongya decoration

东亚装饰股份有限公司
董事长 杨建强

◆诚信为基，品质至上，打造建筑装饰全产业链布局典范

1993年东亚装饰股份有限公司正式成立。26年来，伴随国家改革开放迅猛发展的步伐，东亚装饰以速度与质量、坚守与创新、专业与多元平衡的经营哲学理念紧紧抓住每一个发展机遇，努力拼搏、锐意进取，由小到大、由弱到强一路发展起来。

经过26年岁月的磨炼，东亚装饰已经成为中国建筑装饰协会副会长单位、山东省建筑装饰协会副会长单位，拥有建筑装饰设计甲级、施工壹级，建筑智能化、园林古建筑施工、幕墙设计甲级、幕墙施工壹级资质，同时集钢结构、机电设备安装，木制品、石材制品、幕墙制品生产基地和装饰设计院为一体的专业化装饰企业。公司先后多次被评为国家级"守合同重信用企业""全国企业信用评价AAA级信用企业""山东省装饰十强企业"等荣誉，连续十五年蝉联"中国建筑装饰行业百强企业"，多年蝉联"中国建筑装饰设计机构五十强企业""中国建筑幕墙百强企业"。凭借规范的企业运作、完善的法人治理结构，东亚装饰成为全国首批、山东省首家建筑施工行业挂牌上市企业（股票代码：430376），并成为首批且连续三年入选"新三板创新层"的企业。目前，东亚装饰已拥有专业高素质职工队伍和幕墙、木饰面、石材加工基地，组建了绿色建筑科技公司、建筑设计院及钢结构、装配式等建筑公司。经营业务涵盖了钢结构、预制构件、木饰面加工、市政设施配套、住宅工业化、建筑新型材料、绿色建筑等众多领域，形成了集设计、生产、加工、运输、组装、施工、维保于一体的施工产业链。

一路改革创新，一路发展壮大，东亚装饰践行"一带一路"倡议，完成了阿尔及利亚世贸中心大厦装饰工程等海外项目，以及2008年第29届奥运会、2014年青岛世界园艺博览会、2018年上海合作组织峰会等大型国际活动的场馆建设项目，彰显了大国风范——东亚装饰的足迹已遍布青岛、山东、全国乃至海外，成为建筑装饰行业一张名片，并获得"改革开放突出贡献企业""青岛市开拓外埠市场十强企业"等荣誉。

面对市场的风云变幻，扎根主业、勇于创新、稳健经营是公司始终坚守的理念和策略，公司以提高质量和效率为导向，关注技术前沿，逐渐形成了公司在市场的竞争优势，东亚装饰成立以来参与了几乎青岛所有标志性建筑的建造工程，合同履约率、优良率始终保持100%。诚信为基、品质至上是东亚装饰的经营宗旨，也成为企业发展的稳压器和助推器。在市场开拓中，东亚装饰始终坚持责任和担当，把每一项工程都打造成精品工程。在工程实施中，公司已经形成了一套规范、完备、高效的管理体系，从质量保障、技术创新、安全管理、成本控制等方面着手，坚持技术交底、样板引路和"三检"制度，从整个系统到各个环节，保证了工程创优目标的实现。公司多次荣获"鲁班奖""国家优质工程奖"等国家级褒奖，连续十八年蝉联"中国建筑工程装饰奖"，被评为"中国建筑工程装饰奖星级明星企业"。
随着供给侧结构性改革不断深入，市场需求升级换代，为适应新时期要求，东亚装饰制定了新的发展战略，在坚持速度与质量、坚守与创新、专业与多元的指导方针下，着力构建大建筑全产业链布局，凭借企业已经形成的良好发展基础，以建筑为本、绿色为先、精细管控、

转型升级、多元发展等为主要抓手，全面发力。

在此思想指导下，东亚装饰细化战略方向：一要全面顺应国家绿色发展的战略，充分发挥东亚装饰在被动房设计施工方面的优势，在推动绿色建筑产业化进程中，发展好企业。公司承建的中德技术交流中心被动房装修工程，获得中国绿色建筑装饰示范工程称号，当前正在建设的被动房住宅示范小区工程建设加装修一体化工程的实施，将进一步完善企业在大规模被动式建筑建设方面的配套经验，形成被动式建筑在建设中的设计、施工优势，实现速度与质量的平衡与统一。

二要积极响应国家建筑产业化推进政策，加快工业化改造传统行业的步伐，创新再造工程运作模式。公司不断加强新技术融合，形成新技术成果，通过装备升级，加强公司工程配套的材料、部件、构件的加工生产能力，提高精细化水平及生产效率，依托先进的生产、加工、制造能力，加大对工业化、标准化、装配化施工技术的研发、应用与推广，实现坚守与创新的平衡。

三要强化 BIM 技术应用，全面提升公司对"大精尖"及重点工程项目的把控能力，推动工程科技水平的全面提高。

四要以合作共赢的理念，加大战略合作的深度和广度，提高公司的资源整合能力，利用供给侧结构性改革的有利时机，以多种形式进一步完善和健全公司的产业链，实现专业与多元的平衡。同时继续完善企业的合格供应商体系，聚集一批产品质量好、经营讲诚信、加工能力强的优质生产企业。

五要继续加强与相关科研机构、高等院校的合作，构建技术研发平台，通过各类资源的集成与整合，保持企业的持续创新能力，提高技术、管理创新水平。

六要继续完善公司的法人治理结构，完善和健全公司的制度体系，以制度创新推动精细化管理、标准化管理体系的形成和完善，实现工程项目的提质增效。要以完善的制度汇聚优质的人力资源，打造高效、和谐、有成就感和幸福感的工作氛围。

七要充分利用政策环境的有利时机，积极稳妥地开拓国际市场。目前公司在海外市场运作方面，已经积累了一定的经验，国际市场中高附加值、高技术含量和综合性项目正逐渐增多，机遇也越来越大。公司要抓住机遇，依托新的战略思维和形成的软、硬实力，加强海外市场的探索和实践，加大海外市场的开拓力度，争取更大的发展空间。

前途是光明的、目标是明确的，东亚装饰将紧跟国家政策的步伐，不忘初心、牢记使命，为实现"百年企业"梦想，为建设美好城市贡献自己的力量！

contents

目录

ongya decoration

东亚 装饰精品

被动房技术体验中心室内精装修工程

项目地点

山东省青岛市黄岛区中德生态园内，西邻生态园36号线，北邻生态园7号线

工程规模

总建筑面积13768.6m²，地上面积约8187.15m²，地下面积约5581.45m²，装饰工程面积13768.6m²，结算造价2150万元

建设单位

青岛被动屋工程技术有限公司

设计单位

德国荣恩建筑事务所、德国被动房研究所、中国建筑科学研究院

开竣工时间

2016年1~5月

获奖情况

荣获国家三星级绿色建筑设计标识证书、首届绿色建筑奖

社会评价及使用效果

项目位于中德生态园内，为亚洲最大的被动式公共建筑。作为超低能耗建筑的试点工程，对中国建筑的发展起到了引领作用。被动房技术中心就像一粒完美空间的种子，它不仅是建筑与自然的完美融合，同时也是完美生存空间的典范：保护自然生态，同时不降低人们室内生活的舒适度。与普通房子相比，被动房实现了夏季无需空调，冬季无需供热，是常年保持恒温、恒湿、恒氧、洁净等舒适居住环境的超低能耗绿色建筑。被动房室内全年保持18~26℃，能耗标准即制热和取暖需求≤15kWh/（m²·a）。

被动房体验中心

设计特点

被动房技术体验中心建筑地上 5 层,地下 2 层。完全按照德国被动房标准严格控制,通过提高建筑的保温隔热性能和气密性,采用自然通风、自然采光、太阳能辐射、无热桥设计、高效全热回收新风系统和室内非供暖热源得热等各种被动式技术手段,实现舒适的室内环境并将供暖和制冷需求降到最低。

被动房的建筑设计以白色为主基调,打破了常规被动房采用的方盒子的形态,结合青岛当地的环境特性,以"卵石"的形态为概念出发点,外形是一道优美的弧线,象征着青岛崂山的奇石。在体验中心的外立面上,6 条白色的铝塑板"环形"不规则"飘带"围绕着整栋建筑,其设计理念来源于灵动的"溪流",也烘托出体验中心的现代韵律和艺术气息。这座建筑与周边环境相互衬托、相互融合,把建筑的哲理美、环境美展示得一览无余,很好地诠释了"仰观于天,俯察于地"的理念。同时,椭圆形的造型减小了建筑的体形系数,从体型上达到了节能的目的。

相较于外形,被动房所坚持的理念更让人印象深刻,务必达到最严苛的可持续性标准。为了达成这一理念,被动房恪守可持续、低碳、绿色环保的设计原则,处处彰显出对可持续发展的追求,展示厅、多功能会议厅,以及形态丰富的办公室和会议室,每一处都表明了立场:保护环境无需妥协,无需降低生活的舒适性。被动房告诉人们,"以人为本"地保护自然环境,是完全可行的。这栋建筑每年节约能源消耗 130 万 kWh,相当于每年节省能源费用约 50 万元人民币,降低碳排放 664t。

每个人都知道保护环境的必要性,但又不希望降低生活的舒适性。中德生态园被动房技术中心是兼顾环保和舒适的建筑典范,证明了可以在享受室内舒适环境的同时实现近零能耗。

功能空间

被动房技术体验中心办公区域

空间简介

被动房技术体验中心的办公区域由办公室、会议室、洽谈区和茶歇组成。

办公室

二层作为被动技术体验中心的主要办公区，内部空间规划呼应整体建筑结构，围绕中庭展开，形成"回"字形，采用轻钢龙骨双层石膏板作为空间隔墙。在办公区人性化地设置了茶歇，为办公人员提供专门休息场所。

主要材料构成：顶棚采用双层纸面石膏板，面层乳胶漆；墙面采用乳胶漆、淡黄色硅藻泥；地面采用水磨石地面、500mm×500mm地毯。

会议室

茶歇区

技术难点与创新点

难点技术分析

体验中心采用被动式超低能耗绿色建筑技术，通过保温隔热性能和气密性能更高的围护结构，不用采暖和空调系统便实现了冬暖夏凉，而且节能效果明显。如何采用高效保温技术并加强建筑气密性处理是项目的关键。

解决的方法及措施

根据装饰图纸及深化设计，在建筑洞口安装铝包木窗户，窗框厚度根据设计图纸，预留出外墙保温、内外墙装饰层厚度。需要注意窗框与建筑洞口间隙不可过大，30mm 为宜。安装位置确定后，满填酚醛树脂发泡。充分利用酚醛树脂优良的材料特性，包括：可以在 150℃ 下长期使用，热稳定性高；阻燃等级为难燃 B1 级；绝热；温度影响不明显，使用温度范围一般在 -150 ～ 150℃；耐侵蚀。通过严谨的施工工艺，提高封堵的效果。酚醛树脂耐化学腐蚀，耐热性好，难燃，价格低廉，是建筑行业较为理想的绝缘隔热保温材料。

防水透汽膜减少了水和空气对建筑的渗透，同时又令围护结构及室内潮气得以排出，避免霉菌和冷凝水在墙体屋面中生成，保证保温（隔热）材料效能的发挥，从而达到节能和提高建筑耐久性的作用；防水隔汽气密封膜可阻止室内水蒸气向围护结构渗透，从而有效保证保温材料的热工性能及结构的耐久性。

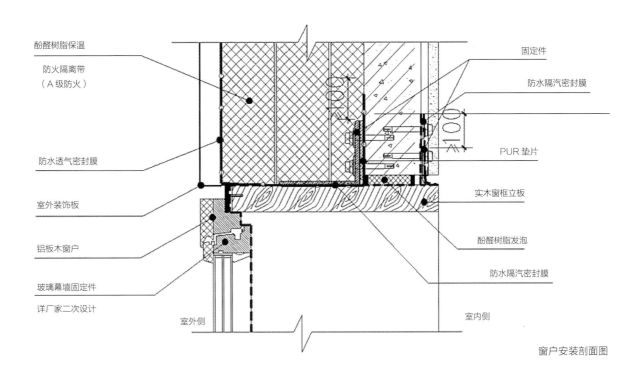

窗户安装剖面图

窗框固定件（通常为金属件）是热量的良载体，极易产生"冷梁"现象。为削弱"冷梁"效应，保证保温效果，可在固定件下（防水隔汽密封膜外）加橡胶绝缘垫片，将其与建筑墙体隔开。

在实木窗框背面粘贴防水隔汽膜，粘结牢靠、紧密，对窗框进行单独保护，避免实木窗框受空气水汽的影响而缩短使用寿命，同时隔汽膜向洞口四周延伸，从而形成防水透气密封膜—窗框—防水隔汽密封膜的整体系统，延长各种材料（结构）的使用寿命，以达到延长建筑耐久性的目的。需要特别注意的是：在后续的室内外装饰面层施工时，需对其进行保护，不得破坏，以保证系统的完整性和牢靠性。

铝色木窗安装施工工艺

安　装　准　备	弹出楼层主轴线或主控制线，经复核，办理交接检；根据统一标高控制线及窗台、窗顶标高经技术质检部门复核，办理交接检；检验窗洞口尺寸、位置是否合格，有问题的及时改正；准备好安装时的脚手架并做好安全防护；量出最上层窗的安装位置，找出中线，吊垂以下各层窗洞口中心线并在墙上弹线，量出上下各樘窗框的中线并标记。
安　装　窗　框	将框塞入洞口，根据图纸要求的位置及标高，用木楔子及垫块将框临时固定，框中线与洞口中线对齐，调整标高，保证上下一条线，左右一水平。重点调整下框的水平及立框的垂直度，保证角方正。
进行间隙发泡、填充	框洞填塞孔酚醛树脂等弹性材料，分层填实，拆掉木楔后的洞同样应分层填塞同样的材料。
室　内　外　贴　膜	室外侧粘贴防水透气密封膜，室内外侧粘贴防水隔汽密封膜，均使用专用胶粘剂，要求粘结牢靠、紧密，形成整体。
安　装　固　定　件	不同的窗框采用的固定件不同，通常为金属件，采用膨胀螺栓固定。为削弱金属的"冷梁"效应，在固定件下采用橡胶绝缘垫片，要求安装牢靠，同时保证固定螺栓不得高于后续的装饰完成面，如高出则需切除。
室外侧安装保温系统、室内侧进行装饰施工	项目采用三层酚醛树脂保温材料，采用机械锚固件固定时，锚固件安装应至少在粘结砂浆使用 24h 后进行，用电锤在聚苯板表面向内打孔，孔径视锚固件直径而定，进墙深度不得小于设计要求。拧入或敲入锚固钉，钉头和圆盘不得超出板面。每层材料错缝布置，板缝密实；室内侧装饰必须对防水隔汽密封膜进行覆盖保护，基层施工不得对隔汽密封膜造成任何破坏。
细　部　收　口	安装完成后，应对已安装完成的窗框边缝进行细部处理；在安装过程中出现毛刺、变形等问题，应按照相关规范要求进行处理，难以处理则更换。

公共空间

被动房技术体验中心入口区域

空间简介

被动房技术体验中心入口区域布置了4块不规则形状的绿化块顶面，为三个采光顶。

被动房技术体验中心的入口区域把一层分成两大人流空间，一层的台阶设计配合大量绿植，给人们带来强大的视觉冲击。通过此入口区可以直接上到二层区域。这是连接一二层的交通枢纽。

主要材料构成：顶棚采用双层纸面石膏板，面层刷乳胶漆；墙面采用双面双层9.5mm防潮石膏板，硅藻泥饰面；地面采用环氧特悦石。

技术难点与创新点

难点技术分析

采用新型环氧特悦石地坪漆施工工艺，避免传统地面的诸多质量通病：提高了抗裂效果，一次成活，无需维修，节约运维人工成本，取得了很好的社会和经济效益。新型环氧特悦石地面的施工工艺是工程的关键。

入口区域

解决方法

建筑地面施工工艺的差异造成基层地面状况不同。用打磨机处理地面，达到《混凝土预制件涂覆前表面的清洁处理》ASTM D 4261-1983 SP3 级要求。基层地面的打磨处理须保持基层地面状况的一致。

沿建筑裂缝开"V"形槽，所有裂缝均要开槽，并根据裂缝大小进行相应处理；对裂缝使用环氧底漆进行打底渗透。裂缝开槽和打底渗透是防止装饰基层与面层开裂的关键，必须保证每条裂缝处理到位。

用配制好的环氧底漆均匀刮涂在施工地面上，铺设玻纤网格布，增加装饰基层与建筑基层的粘结，保证装饰基层的密实度，增强抗开裂性能。

施工现场配置磅秤，严格按照要求配比，保证拌合物的配比是最终施工质量的最大保障。同时对各种骨料和胶粘材料进行机械搅拌，保证拌合料均匀，无粉尘产生，对大气无污染。施工中各项工序的严格要求保证了最终的施工效果。

新型环氧特悦石地坪漆施工工艺

现场复核	用经纬仪、水准仪、激光标线仪等设备在整体地面区域找出高度差，并在实体上进行标注。
原基层地面处理	超过 10mm 的区域进行补齐，低于 10mm 的区域进行打磨。
裂缝处理	沿建筑裂缝开"V"形槽，所有的裂缝均要开槽。根据裂缝大小进行处理；宽的裂缝要开深槽，使用吸尘器清理浮尘，用潮湿拖布将"V"形槽周边擦洗干净；用环氧底漆对裂缝进行打底渗透，使切开的裂缝底部及周边粘有环氧底漆，向"V"形槽两侧延伸宽度不小于 30 ~ 50mm；用环氧砂浆填补"V"形槽并使修补后的裂缝与整体地面平整。
满铺网格布	按照渗透型环氧底漆说明书配比配制环氧底漆（A 组分：B 组分 =3：1，型号不同配比略有变化，严格按照说明书的要求进行），搅拌均匀后均匀刮涂在施工地面上，底漆未干前铺设玻纤网格布，不牢靠的玻纤网格布需要剪除。
装饰条安装	根据深化设计和排版，安装固定装饰条，同时注意控制装饰条标高，保证装饰条略高于完成面。

a. 材料及工具

固体胶胶枪、固体胶棒、电源线、T形装饰条（钛镁合金，厚度3mm）。

b. 施工准备

• 安装前，应准备好装饰条，并对线条进行挑选，确保线条表面无划伤痕和变形，尺寸准确。

• 检查预安装装饰条位置基面是否牢固、标高是否有凹凸不平现象，并查清楚原因，进行加固和修正。

c. 施工要点

• 根据确定标高，装饰条上端高于标高2~3mm。

• 提前排版，确定装饰条位置。根据材料性质控制装饰条间距不大于15m，特殊空间需加密，确定基层标高。

• 将环氧树脂胶涂于装饰条底部，间距不大于200mm，待胶体产生强度、牢固后，再进行下一步施工。

• 复查：在全部装饰条安装完成后，对所有装饰条进行复验，保证装饰条安装牢固、位置正确后方可进行下一步施工。

d. 注意事项

• 装饰条在交接处，要求断面整齐、接缝紧密。

• 装饰条切割防止受热变色。

浇筑骨料 • 按照环氧3530 A组分：B组分＝5：1配比配制浆料，搅拌均匀。

• 将配好的浆料与骨料按1：3.6（依实际情况可适当上下调整）配比配制磨石浆料，用搅拌机搅拌均匀；铺设配制好的磨石浆料，用抹平机抹平，再检查有无漏铺；保护好铺设完毕的磨石地面。

打磨处理 铺料完成72h后，用水磨机（粗磨的金刚磨头）试磨，均匀磨去表层方可正式研磨。

研磨原则：使整个地面达到统一的标准后，再进行下一步骤；用100~800目树脂磨片逐步研磨，使地面更加细腻。研磨过程中，使用大功率吸尘器同步吸走研磨处的稠浆，按照绿色施工要求实现无尘施工。

细部处理 清洗地面至洁净并晾干；按照4401密封剂A：B＝6：1配比配制密封剂；把密封剂均匀刮涂在洁净的磨石地面上，封闭表面毛细孔，使石粒密实且表面光滑平整、清晰。

被动房技术体验中心中空区域

空间简介

工程共计 7 层,其中中空部分贯穿地下一层到屋顶,在二至五层中空部分设置天桥,从而把每一层中空划分为两部分,每个部分大小、规格、空间形状均不相同。

主要材料构成:中空四周采用 GRG 饰面装饰。

中空区域

技术难点与技术创新

特点、难点技术分析

GRG 曲面造型提高了建筑内采光率，减轻了建筑装修荷载，大大提高了安装效率和质量，经济效益、社会效益、环保效益突出。但因石膏密度大，构件重量较大，安装难度也大，每个构件的安装标准必须一致才能保证全部构件的观感效果。

解决方法与措施

为了解决被动式建筑中空（环廊、回马廊、天井）的装饰问题，在被动房技术体验中心项目中，针对项目的工程特点和施工实际情况，采用了曲面、薄壁、大体量 GRG 作为中空四周的主要装饰材料，解决了其他装饰材料诸多的质量通病，一次成活，节约运维人工成本，取得了很好的社会和经济效益。利用 BIM 技术进行方案深化和模拟施工，对质量进行事前控制。

通过 GRG 曲面造型增加太阳光反射面，提高室内亮度，进一步节能。

通过薄壁结构最大限度地减少装修面层材料重量，降低因装修增加的永久荷载。

通过干挂工艺，仅采用质轻高强的钢材焊接钢架，提高基层强度和刚度，保证基层变形一致，面层 GRG 不开裂、观感效果好。

GRG 构件采用浇筑工艺，一次成活，无需维修，运维成本低，综合经济效益好。

GRG 曲面造型施工工艺

现场复核。用经纬仪、水准仪等设备复核、确认控制标高，并在实体上进行标注。

利用 BIM 技术进行排版深化和模拟安装。

构件开模、工厂化生产。

钢架焊接安装。进场前钢架构件单元提前焊制，减少现场焊制数量，减少环境污染，同时也加快了施工进度，提高了施工质量。

控制点 GRG 安装。转角处异形 GRG 构件采用开模预制形式，根据 BIM 模型一次加工成活，GRG 构件造型和尺寸得到很好的控制。这是质量保证措施中很重要的一环。

安装位置为中空四周，造型体量较大，垂直高度达 2200mm，为保证安装质量，将造型分为上下两部分。上部构件因靠近上层走廊，能够很好控制安装质量；下部构件为悬空安装，采用螺栓吊挂方式，通过螺栓的调节控制安装质量。

平直段 GRG 安装。

终饰处理。GRG 构件为玻璃纤维增强石膏板，构件体量和重量均较大，变形的概率同步增大，为增强抗裂效果。除构件间采用对拉螺栓，满填嵌缝石膏外，对其饰面进行如下处理：

· 脱模基层处理
因模板缝处出现的胎体积料凸出表面，需要铲除；铲除需干净彻底，根部宜略低于四周，后期再找平。

· 界面剂
采用辊筒涂刷的方法，满涂 GRG 表面两遍即可；对 GRG 表层气孔等进行封闭，涂刷均匀，不应有漏（硬化后可增强 GRG 表面强度）。

· 挂玻纤网格布
目的：修补接缝、裂缝及其他板面破损。
在界面剂涂刷完成后，采用木工用白乳胶将 7 mm x 7 mm 140g/m² 玻纤网格布满铺于 GRG 表面，然后用刀把多余的胶带切断，最后刷上灰浆让其自然风干。

· 嵌缝石膏和腻子三遍，采用"大杆"刮平
所用材料需达到 JG/T 3049-1998 (Y) 有害限量标准和 GB 18582 – 2008 标准（GRG 表面含水率不小于 20%）。
嵌缝石膏主要用于平整度亏量大的地方以及局部修补、孔洞缝隙修补，应使其表面略低于四周。
因 GRG 使用位置特殊，后期维修困难，所以腻子采用成品耐水腻子。
在作墙面处理时，腻子施工紧跟嵌缝石膏后进行，保证整个表面浮灰和粉尘清理干净。采用 2m 长"大杆"，提高大面平整度，局部采用小刮刀进行边角处理，第一遍满刮腻子，等干后，刮满第二遍腻子，刮抹方向与前腻子垂直，等腻子干透，检查，复补腻子再次满刮腻子。这一次是关键的一次，一定要平整，不要太厚。
用 300W 太阳灯侧照，墙面用粗砂纸打磨平整，最后用细砂纸打磨平整光滑。

- 乳胶漆三遍

底层涂料：施工在干燥、清洁、牢固的底层表面进行，喷涂一遍，涂层需均匀，不得漏涂。

中层涂料施工：辊子应横向涂刷，然后再纵向辊压，将涂料赶开，涂平。辊涂顺序一般为从上到下，从左到右，先远后近，先边角棱角、小面后大面。要求厚薄均匀，防止涂料过多流坠。辊子涂不到的地方，阴角处需用毛刷补充，不得漏涂。一面墙要一气呵成。第一遍中层涂料施工后，一般需干燥 4h 以上，才能进行下道磨光工序。如遇天气潮湿，应适当延长间隔时间。然后，用细砂纸进行打磨，打磨时用力要轻而匀，并不得磨穿涂层，磨后将表面清扫干净；第二遍中层涂料施工与第一遍相同，但不再磨光。

面层喷涂：应预先在局部墙面上进行试喷，以确定基层与涂料的相容情况，并同时确定合适的涂布量；乳胶漆涂料在使用前要充分摇动容器，使其充分混合均匀，然后打开容器，用搅拌机充分搅拌；喷涂时，嘴应始终保持与装饰表垂直（尤其在阴角处），距离为 0.3 ~ 0.5m（根据装修面大小调整），喷嘴压力为 0.2 ~ 0.3MPa，喷枪呈 Z 字形向前推进，横纵交叉进行。喷枪移动要平衡，涂布量要一致，不得时停时移、跳跃前进，以免发生堆料、流挂或漏喷现象；为提高喷涂效率和质量，喷涂顺序应按墙面部位—柱部位—预面部位—门窗部位，该顺序应灵活掌握，以不重复遮挡和不影响已完成的饰面为准。

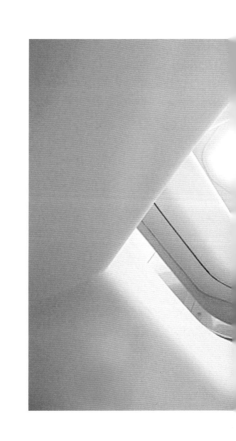

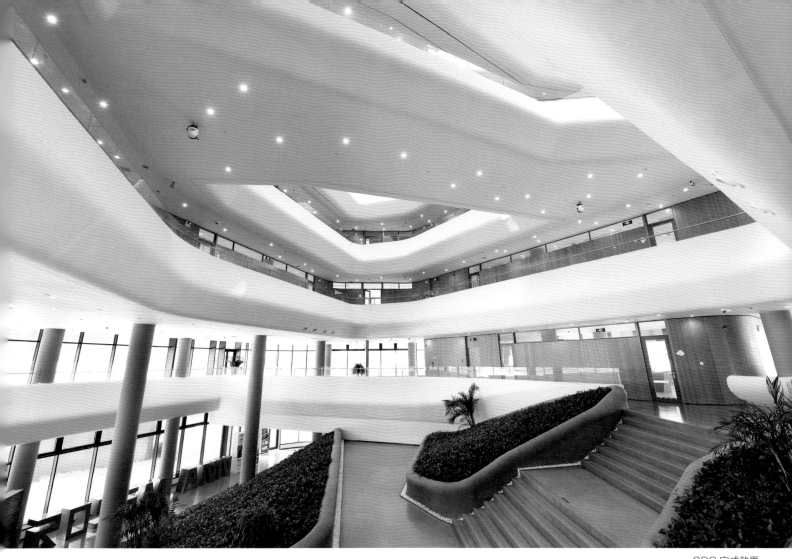

GRG 完成效果

GRG 完成效果及局部

燕岛宾馆
修缮工程

项目地点
青岛帆船比赛基地内，燕儿岛山南侧

工程规模
装饰设计面积约 1100m²

建设单位
青岛旅游集团有限公司

设计单位
青岛市公用建筑设计研究院有限公司

开竣工时间
2018 年 1 ~ 4 月

社会评价及使用效果
通过严格的质量监督和施工控制，工程完成后，整体顺滑，平整度符合规范要求，质量稳定，未出现任何质量问题，工程顺利完工，受到业主的一致好评。通过特殊设计的造型满足对星级宾馆入口的美观要求，在材料使用上杜绝使用污染性材料，更加符合星级宾馆类的环保设计要求，为星级宾馆使用方提高社会声誉度，带来潜在经济效益。

燕岛宾馆迎宾大厅

燕岛宾馆外景

设计特点

燕岛宾馆作为 2018 年上合组织峰会重要的会晤场所，承载着特殊的使命，包括国家元首的接待，元首的双边会晤、谈判、合作会议，以及作为东道主尽主宾之仪的国宴场所，其重要性不言而喻。迎宾大厅作为空间入口，承载第一印象，谦逊内敛、正气浩然；整个空间设计思路以"仁"为本，以"礼"为旨，用礼的谦逊稳重来赋予空间格局，用黄河之色、国人之色来定义色彩的调性，方正有序、虚实结合，方中载圆，圆中兼方，稳重兼顾韵律，所有造型叠起向上，借势腾飞，3、6、9 模数化层级递进，让空间比例舒缓结合。主背景迎宾墙画品专题创作寓意深远，镂空花格用四合如意图案，赋予和合完满、吉祥如意的寓意；大厅地面拼花图案以象征吉祥的卷草纹与莲花纹为设计元素，卷草延绵不绝，藤卷向上寓意双边合作长顺久远，莲花高洁谦逊，寓意以主宾之仪、君子之节承纳贵客。设计风格在传承主会场调性基础上重新定制空间，营造庄重、平稳、明快、谦逊的空间氛围，彰显大国风范。

燕岛宾馆迎宾大厅正面背景

燕岛宾馆内走廊

燕岛宾馆内走廊局部

燕岛宾馆内走廊电梯间

功能空间

接待厅

接待厅延续迎宾大厅的设计风格，同时提炼水纹元素。"上善若水"，水善利万物而不争，谦逊内敛，尽显主宾之节；铜制材质与织物硬包、手工地毯结合温润空间，空间架构竖向为柱，横向为檐，营造"亭"之理念，取上合组织汇聚八方的美好寓意，以温润的暖色调烘托室内空间气氛，庄重、典雅是整个空间的设计原则。

走廊为大厅一部分，延续迎宾大厅的设计风格，顶棚跌级有序，方圆向上，内嵌如意纹理浅雕铜板，增加厚重、文化与层次，墙面挺拔向上，转折有序，头尾嵌入水纹样式铜板雕刻，增加仪式感与庄重性，同时提升文化细节精致，简练现代。电梯厅层次分明，灯光柔和。

接待厅

贵宾休息室

五层贵宾休息室的设计风格延续宴会厅整体风格特征，材质上以铜制品与织物硬包、
手工地毯结合软化空间，主背景墙为画品，预留空间点题创作，温润庄重的暖色调
烘托室内空间气氛，舒适、温润是整个空间的设计原则。

走廊

休息室入口

贵宾休息室

室外石材雨棚

空间简介

燕岛宾馆室外雨棚是本次设计的一个重点。雨棚作为公共建筑外的一个重要的功能空间，对完善整个建筑的使用功能具有极为重要的作用。雨棚作为人们认知和接触建筑的第一个功能空间，对提升美感具有极大作用。随着国家经济的快速发展，各类建筑对于室外雨棚的观感及创意要求与日增加，许多建筑雨棚设计均以异形处理来提升美观度，如星级宾馆、大型剧场、接待中心等。这类建筑的石材雨棚经常用到异形石材。燕岛宾馆外雨棚就是以白麻石材装饰出的美妙空间，给人以安全、宁静、文雅的感受。

室外石材雨棚

主要构成材料为 50mm 厚双曲白麻石材装饰面层，50mm×50mm×5mm 热镀锌角钢做基层框架，3mm 厚背栓干挂件，ϕ10 镀锌高强螺栓附以满焊焊接固定。

技术难点与创新点

难点技术分析

本工程为文物改造项目，并毗邻海边，根据业主单位、监理单位要求，施工过程中须重点考虑日后的稳定性。这给装饰装修工作增加了难度。

解决的方法及措施

运用三维建模技术指导施工，现场通过精确放线定位、每步工序的严格控制及八点背栓安装加固，形成了一套椭圆形双曲面石材安装的施工工法。其中室外雨棚两侧为椭圆形石材柱子，柱子标高 4.2m，底部宽度为 860mm，顶部宽度为 1240mm。

利用雨棚钢结构的原有基础模型进行建模；利用等比例开模的方式进行加工，厂内预拼进行曲度精细处理；利用激光测距仪、激光水平仪、垂直仪等设备进行精确放线定位；利用现场二次预拼进行尺寸复核并形成整体，保证石材拼接的精确性及整体完成后的观感质量；使用八点背栓的安装方式，保证石材安装的结构稳定性与牢固性。采用 5cm 以上的双曲面石材进行施工，与传统的 3cm 厚石材等相比虽然重量增加，但也大大增加了雨棚的耐久性与强度，提高了曲面的流线弧度及观感质量，缩短了工期，节约了工程造价。

石材雨棚施工工艺

石材雨棚施工工艺流程：借助 CAD 辅助设计确定尺寸→复核钢结构基层尺寸并精准放线→进行三维建模确认曲度→深化下单→龙骨安装→基层龙骨加工→二次放线复核→面层石材开模加工，并预拼精细加工曲度→现场预拼整体→石材安装→细部处理。

双曲面石材正立面三维建模图

燕岛宾馆完成效果

自助餐厅现场照片

宴会厅

空间简介

五层双边宴会厅风格延续整体空间色调属性，营造轻松、庄重、热烈的氛围，以"悦"来定义空间的精神。两侧的墙面造型简约舒展，与顶部边缘厚重的重檐造型形成具有仪式感的空间。顶部的灯具层次分明兼顾宴请形式，灯具创意素材取自山海的倒影，平面灯具为海，内附云纹，圆形递进灯具为山，云海相生，山水互映，印象青岛与墙面画品互补，整个空间热烈温润又不失文化特色。庄重、明快、简洁、舒适是整个空间的设计原则。

主要材料构成：采用 1.5mm 厚双曲面铜板装饰面层、40mm×40mm×3mm 热镀锌方管做基层框架、专用卡扣件，燕尾钉附以满焊焊接加固。

技术难点与创新点概述

难点技术分析

本工程的技术难点是造型铜板吊顶。为了提高工作的质量，采用了新工艺。工艺原理是借助 CAD 辅助设计确定排版分幅、卡扣连接位置及曲度，厂内加工时使用方管作为加固及安装卡扣件基层，现场使用激光测距仪、水平仪、垂直仪等设备

走廊

双曲面铜板吊顶

精确放线定位每块铜板连接位置，并提前焊接好方管基层，材料进场后使用卡扣件与方管连接进行固定吊装。

解决方法及措施

本施工工法功能有三种：一是比传统施工工艺大大缩短工期；二是节约施工成本，提高施工质量；三是减少安全隐患，尤其是动火作业的安全隐患。使用双曲面铜板施工功能有两种：一是在施工方面铜板的耐久性及抗腐蚀性远远高于其他材料；二是在装饰效果方面增加了建筑的中国文化特色，将现代创意与古代文化有效地进行了结合，呈现出不一样的效果。

宴会厅双曲面铜板卡扣式吊顶施工工艺表述

工艺流程：借助 CAD 辅助设计复核尺寸→深化排版下单→铜板进行方管加固→基层方管焊接→铜板专业设备进行双曲加工→四周 45° 拼接铜板安装定位 90° 角→其余铜板安装→细部处理。

操作要点：

借助 CAD 辅助设计复核造型尺寸，进行深化排版下单   通过现场精确放线测量尺寸，借助 CAD 辅助设计复核造型尺寸，根据造型效果及铜板大板情况进行排版，同时进行卡扣安装位置的初步确定，将图纸反馈到厂家和施工班组进行铜板预制加固及现场基层焊接。

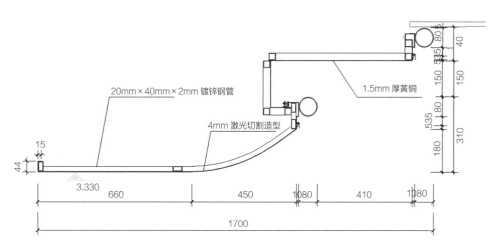

吊顶造型竖剖图

铜 板 加 工　　按照设计图纸并经现场勘测复核无误后厂家形成下单图纸，下发到加工厂；厂家根据项目特殊的地理位置及气候综合考虑，使用 1.5mm 厚的铜板通过专业设备进行曲度加工，完成后进行面层处理。

双曲面铜板成型后，为方便到场的安装及铜板的造型稳固，采取铜板后背方管的形式进行加固，同时方管的位置要根据深化的卡扣加固件位置放置，使得方管不仅有加固作用，同时还方便日后卡扣件与铜板的连接。

基层龙骨制作　　根据 CAD 排版图纸中卡扣件位置，在现场通过激光水准仪等设备精确放线定位，使用与卡扣件配套的方管进行焊接拉框架，并将焊点位置进行防锈防腐处理。

双曲面铜板
卡扣式吊装　　铜板到场后先根据图纸编号在地面进行预排，检查是否有色差及划伤等质量问题。

根据图纸卡扣件位置核对现场方管基层与铜板预留卡扣件基层是否存在误差，核对无误后进行卡扣件与铜板之间的连接；连接完成后先进行四角 45° 拼接板的安装，通过滑轮将板吊起，支撑住之后将卡扣件与方管基层进行连接，精细调整 45° 拼缝，并检测方正度是否存在误差，检查无误后将卡扣件与方管卡牢，开始由两侧向中间逐块进行其他板块安装。

整体安装完毕并调整无误后，开始进行螺钉加固，并将卡扣件与方管的缝隙进行焊接二次加固，保证整体结构的稳定性。

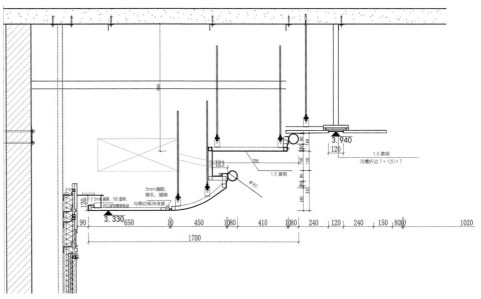

吊顶节点图

山东大学青岛校区博物馆工程

项目地点
山东大学青岛校区内

工程规模
建筑总面积 40800.87m^2，装饰造价 4530 万

建设单位
山东大学

开竣工时间
2015 年 12 月～ 2016 年 5 月

设计单位
山东建大建筑规划设计研究院

获奖情况
全国高性能绿色建筑示范工程、二星级绿色建筑设计标识，中国建筑工程装饰奖

社会评价及使用效果
　　"一所伟大的大学要有一座伟大的博物馆"。山东大学青岛校区博物馆，作为具有公共性和开放性的社会公共机构，充分发挥教学、科研和服务社会的综合功能，积极加强文化辐射，激活周边城市和校园空间，为学生和公众创造更为便利的历史科普知识学习条件。

山东大学青岛校区博物馆外观效果图

设计特点

本项目建筑层数地上 6 层，地下 1 层，建筑高度 35.40m（室外地坪至结构板顶）。新校区的设计中注重传承，博物馆形体由"鼎"字变换而来，取"鼎承古今"之意，旨在体现厚重的文化内涵。以九宫格作平面布局，竖向体块向外悬挑，建筑整体简洁又不缺仪式性。从远处望去，白色的墙体、独特的外形、深蓝色玻璃幕窗格外吸引眼球。大面积白色石材与"红瓦绿树"基础风格形成强烈对比，凸显其高雅的气质，反映了山东大学的文化内涵以及青岛的地域特色。

室外直通二层的大台阶设计为承托整个建筑体块的台基，烘托鼎力向上、托承托古今的建筑意境。一方面，台基作为景观绿化的一部分，层层升高的绿化平台，使得场地内的景观维度更加丰富；另一方面，它作为一个通向博物馆的主要通道，大部分人流会在台阶上停留和行走，为校园内学生的活动提供更多样化的场所空间，承担增进交流的职责。

在建筑立面材料的选取上，采用铜板作为四个出挑建筑形体的主要外立面材质。青铜作竹、兵法作字、灯光作影，把孙子兵法镂刻于青铜，将中国古代文化赋予建筑之上。正是这种细节的精雕细琢使得建筑处处都可以品味。

在室内设计方面，注重室内外设计风格的统一，结合自然并且充分利用自然条件。进入博物馆的中庭区域，带有很显著的山东大学元素。方鼎造型的背景墙延续了"鼎承古今"的设计理念，正面的背景墙以山大校徽作为主体标识，下方镌以清光绪年间山东省试办大学堂章程，并使用青铜器纹样作为辅助装饰。中庭的顶端采用建筑透光顶，通过采光天顶充分利用自然光。

在功能分区上，博物馆内部功能分区明晰，以中庭为核心空间，来组织安排不同的展示功能和体量。中庭空间高大开敞，文化氛围浓郁，成为室内的文化核心广场，围绕中庭布置的展示功能空间与附属功能空间分区清晰。在纵向分区上，一层为功能区，二、三、四、五层主要为展陈开放区，流线设计上下互不干扰，各个功能区形成了较为完整的功能区块。

在校园的设计上充分考虑到学校未来的发展前景等问题，尽量使设计能够满足结构多样、协调、富有弹性、适应未来变化、满足可持续发展的需要。所以在山大青岛校区整体的设计中注重了以下几点：室内空间之间相互协调、相互对话和有机关联，构成室外环境和室内空间的整体连续性；从校园整体风格出发，建筑物或室内空间的设计具有一定的秩序并成为系统整体中的一个部分；外部空间和建筑内部空间统一与整合设计，不可分割，设计时注重将两者结合起来设计。

功能空间介绍

博物馆大厅区域

空间简介

博物馆大厅区域由展厅和中庭组成。博物馆中庭的背景墙被设计成方鼎的造型，延续了"鼎成古今"的设计理念。层层扶梯形成优美曲线，连接方鼎造型的入口，扶梯两边采用玻璃栏板，既保证了安全性也满足整体美观需求。中庭的中间楼梯处设置了一定区域的休息平台和 3200mm×3200mm 的平台空间，可供休憩停留，同时也作为一个缓冲空间以避免出现人多拥挤而倒流。

博物馆中庭

博物馆中庭一角

主要材料构成：顶棚采用水泥砂浆涂料顶棚、白色乳胶漆；地面采用防滑地面砖、防水楼面；墙面采用混合砂浆抹面，内墙面白色乳胶漆饰面。

技术特点与难点分析

山东大学博物馆的中庭造型别具一格，从校园的整体风格出发，方鼎造型的背景墙和建筑的外部造型相呼应，加之青铜纹样的辅助装饰，塑造了浓厚的历史文化氛围，使其成为山东大学博物馆最为抢眼、出彩的分项工程。

与普通干挂石材不同，有纹饰的干挂石材，首先要满足纹饰的连续性，不能破坏它的整体性，这样干挂用固定件，要突出满足纹饰板材的干挂要求，其次还要兼顾与周边板材的有机统一。

石材背景墙施工工艺

脚手架搭设	满堂脚手架搭设需设置安全通道，安全通道宽 1.8m、高 2m，在满堂架左右各设置一个。在入口处用插盘架搭设，并设置过梁，过梁下面可以作为安全通道，过梁的跨距为 5.49m；在三楼设置 4 个马道通往脚手架平台，马道宽为 1.5m。在平台顶部设置一个物料口，物料口的开口尺寸长度和宽度都为 2m。在一楼设置 2 个坡道或梯道通往 2 楼的平台，若设置坡道，则坡道宽度为 1.2m。
放控制线	石材干挂施工前需按设计标高在墙体上弹出 50cm 水平控制线和每层石材标高线，并在墙上做控制桩，拉线控制墙体水平位置，找出房间及墙面规矩和方正。 根据石材分格图弹线，确定金属胀锚螺栓的安装位置。
挑选石材与预排石材	石材到现场后需对材质、加工质量、花纹和尺寸等进行检查，将色差较大、缺棱掉角、崩边等有缺陷的石材挑出并加以更换。 将选出的石材按使用部位和安装顺序进行编号，选择在较为平整的场地作预排，检查拼接出的板块是否存在色差、是否满足现场尺寸要求，完成此项工作后将板材编号存放备用。
打膨胀螺栓	按设计的石材排版和骨架设计要求，确定膨胀螺栓间距，划出打孔点，用冲击钻在结构上打出孔洞以安装膨胀螺栓，孔洞大小按照膨胀螺栓的规格确定，间距一般控制在 500mm 左右。
安装钢骨架	对排承重的空心砖墙体，干挂石材时采用镀锌槽钢（主龙骨）和镀锌角钢（次龙骨）做骨架，骨架网在混凝土墙体上可直接采用挂件与墙体连接。 骨架安装前按照设计和排版要求的尺寸下料，用台钻钻出骨架的安装孔并刷防锈漆处理。 按墙面上控制线用 $\phi 8 \sim \phi 14$ 的膨胀螺栓固定，或采用预埋钢板，使骨架与钢板焊接，焊接质量应符合规范规定。要求满焊，除去焊渣后补刷锈漆。 槽钢骨架选用 6 号槽钢，角钢为 ∟40×40×4（mm）或 ∟50×50×4（mm）。安装骨架时应注意保证垂直度和平整度，并拉线控制，使墙面或房间方正。

安装调节片 调节片根据石材板块规格确定，调节挂件采用不锈钢制成，分40mm×3mm 和 50mm×5mm 两种，按设计要求加工。利用螺钉与骨架连接，调节挂件须安装牢固。

石 材 开 槽 石材安装前用云石机在侧面开槽，开槽深度根据挂件尺寸确定，一般要求不小于 10mm 且在板材后侧中心。为保证开槽不崩边，开槽距边缘距离为 1/4 边且不小于 50mm。注意将槽内的石灰清理干净以保证灌胶粘结牢固。

石 材 安 装 从底层开始，吊垂直线依次向上安装。对石材的材质、颜色、纹路和加工尺寸进行检查。

博物馆入口

博物馆中庭仰视

根据石材编号将石材轻放在 T 形挂件上，按线就位后调整位置并立即清孔，槽内注入耐修胶，保证锚固胶有 4～8h 的凝固时间，以免过早凝固而脆裂，过慢凝固而松动。

板材垂直、平整度拉线校正后拧紧螺栓。安装时应注意各种石材的交接和接口，保证石材安装胶圈。

石材填缝处理　本工程由于干挂石材墙面均处于室内恒温、恒湿状态中，对石材的膨胀收缩可以忽略，因此石材板中采用密缝拼接，不用打胶。

清　　　理　石材挂接完毕后，用面纱等柔软物对石材表面污物进行初步清理，待胶凝固后再用壁纸刀、面纱等清理石材表面。打蜡一般应按蜡的使用操作方法进行，原则上烫硬蜡、擦软蜡，要求均匀不露底色，色泽一致，表面整洁。

中庭现场局部实景

博物馆多功能厅区域

空间简介

多功能厅位于山东大学博物馆二层左侧区域，内部可以容纳100多人。厅内设有主席台、音响控制室和听众席。听众席两旁设置了无障碍席位，主席台采用错色硬包造型，且配有LED显示屏和投影幕。多功能厅既可观看影音资料，又可举办各类学术论坛。

主要材料构成：顶棚采用石膏板刮泥子刷白色乳胶漆、600mm×600mm矿棉板吊顶；地面采用600mm×600mm地砖、定制地毯；墙面采用木饰面、木质吸声板。

技术难点与创新点概述

难点技术分析

山东大学青岛校区博物馆，作为具有公共性和开放性的社会公共机构，将充分发挥教学、科研和服务社会的综合功能，故多功能厅作为学术报告、会议等的重要功能空间，对声学要求严格，墙面采用木饰面和木质吸声板交替，造型独特优美，但在做到造型独特的同时如何确保木质吸声板的施工质量是难点。

多功能厅

解决方法及措施

墙面水泥砂浆基层施工完毕、自然干燥符合要求后，根据实际尺寸确定龙骨、吸声板的布设位置、尺寸，采用水平仪、激光投射仪确定水平线和垂直线，安装龙骨，涂刷防火漆，板条长边根据实际需要加工成 90°角的企口和凹口，在龙骨长度垂直方向采用插槽方式安装吸声板，沿企口及板槽处用射钉将吸声板固定在龙骨上，内腔根据需要填充隔声棉或防火棉，并用配套线条收边，边侧预留伸缩缝硅胶密封。

安装原理：采用干挂法，安装轻钢龙骨后，从下往上安装 100mm 宽条形细木工板衬板，间隔 400mm，使用射钉把条形细木工板固定在轻钢龙骨上，然后由下往上安装木质吸声板，背后有衬板处木质吸声板使用射钉固定。

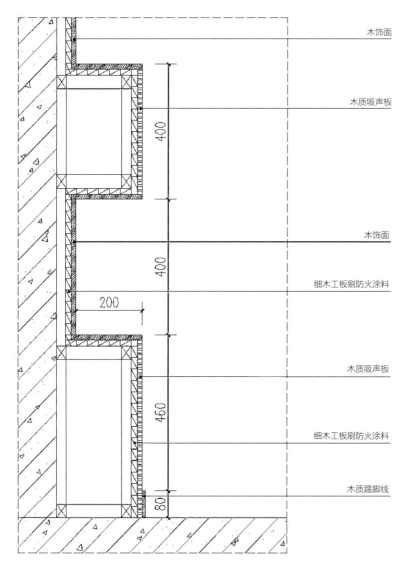

木饰面

木质吸声板

木饰面

细木工板刷防火涂料

木质吸声板

细木工板刷防火涂料

木质踢脚线

多功能厅墙面节点图

吸声板干挂施工工艺

作业准备　安装场所：安装场所须干燥，最低温度不应低于10℃；安装场所安装后的最大湿度变化值应控制在40%～60%范围内；安装前24h，安装场所须符合规定。

吸声板：核对吸声板的型号、规格尺寸和数量；吸声板应放置在待安装的场所48h，以适应室内环境。

龙骨：龙骨表面应方整、平齐，无变形、翘曲、锈蚀，并应对龙骨进行调平处理。

墙体基层：根据设计要求，墙体水泥砂浆基层粉刷及修整完毕、自然通风14d干燥后，方可进入下道工序。

测量放线　采用DS3水准仪确定距地面50cm高、吊顶下50cm控制线；并依据设计效果，按照现场实际情况，采用激光投线仪、DS3水准仪确定龙骨位置；龙骨的位置应与吸声板长度方向垂直，木龙骨间距≤300mm，轻钢龙骨间距≤400mm。

确认安装位置的水平线和垂直线后，应明确电线插口、预埋管线等的预留尺寸、位置，如有重叠，宜结合装饰效果调整预留口、预留孔位置。

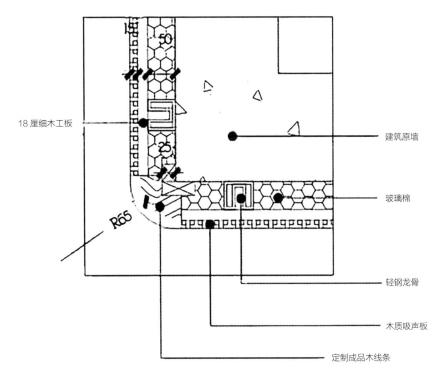

阳角处木质吸声板安装示意图

龙 骨 安 装　龙骨布设的尺寸须与吸声板的排布相适应。

a. 木龙骨

沿弹线位置先固定沿顶、沿地及两侧边龙骨，再布设框内横向或纵向龙骨；龙骨与基层采用膨胀螺栓固定，中间间距 ≤ 80cm，端头间距 ≤ 10cm；各自交接后的龙骨及各龙骨的端部应保持平整垂直，安装牢固。龙骨与基体之间应按设计要求安装密封条，并做好木作防火、防腐工作。

门窗或特殊节点，应按设计要求安装附加龙骨。

木龙骨表面到基层的距离按照设计造型等具体要求，一般为 50 ~ 100mm。

b. 轻钢龙骨

沿弹线位置固定轻钢龙骨。沿顶和沿地及两侧边龙骨，再布设框内横向或纵向龙骨，间距 ≤ 80cm；应采用预埋件或膨胀螺栓进行连接，固定点中间间距 ≤ 80cm，端部间距 ≤ 10cm，必须固定牢固。当选用支撑卡系列龙骨时，应先将支撑卡安装在次龙骨的开口上，卡距 ≤ 40cm，距龙骨两端 20 ~ 25mm；当选用通贯系列龙骨时，高度低于 3m 的墙面安装 1 道，3 ~ 5m 时安装 2 道，5m 以上时安装 3 道，采用角托与主龙骨连接。龙骨与基层之间，应按设计要求安装密封条。

线 盒 埋 设　测量墙面尺寸，确认电线插口、管子等物体的切空预留尺寸。

按施工现场的实际尺寸计算并裁开部分吸声板（对立面上有对称要求的，尤其要注意裁开部分吸声板的尺寸，保证两边对称）和线条（收边线条、外角线条、连接线条），并为电线插口、管子等物体切空预留。

岩 棉 填 充　根据附墙龙骨厚度填充相应厚度防火岩棉。

钉铺条形细　附墙龙骨安装按照间距 300 ~ 400mm 排列竖龙骨，按施工现场实际尺寸，现场裁
木工板基层　切细木工板条，宽度为 100mm，然后六面涂上防火涂料，使用射钉将其固定在轻钢龙骨上，由下往上依次安装。

调整平整度、垂直度。

踢脚线安装　装饰墙下端如用木踢脚板的，下端应离地 20 ~ 30mm；如用不锈钢、大理石、水磨石踢脚板时，罩面板下端应与踢脚板上口齐平，接缝应严密。

吸声板安装　裁切下料。按施工现场的实际尺寸计算并裁开部分吸声板和线条（收边线条、外角线条、连线线条），对立面上有对称要求的，尤其要注意裁开部分吸声板的尺寸，保证两边对称，并做好水电设施切空预留。

选板。罩面板应经严格选材，表面应平整光洁。对于实木吸声板有花纹要求的，每一立面应按照吸声板上事先编制好的编号依次从小到大进行安装；吸声板的编号遵循从左到右、从下到上，数字依次从小到大。

拼装顺序。安装前，严格检查格栅的垂直度、平整度。吸声板的安装顺序，应遵循从左到右、从下到上的原则；吸声板横向安装时企口朝上，竖直安装时企口在右；安装分企口拼接、线条拼接两种方式，每块吸声板依次相接拼装，一块接一块安装；施铺

时，应先在槽口处加注嵌缝膏，然后插板并挤压嵌缝膏使吸声板与邻近的表面接触紧密。装饰墙端部的石膏板与周围的墙或柱应留有 3mm 的槽口；可根据设计要求拼接线条或留设 2 ~ 3mm 缝隙。

固定方式 骨架为轻钢龙骨，吸声板采用扣片安装。将尺寸为 45mm×38mm×5mm 的扣片安装在龙骨和吸声板之间。如果吸声板从地面开始按横式安装，则长面的凹口要朝下安装并用扣片锁紧，一块接一块安装。

空腔填充 装饰墙吸声板安装后，留有 5 ~ 15cm 空腔；如需要隔声、保温、防火的隔墙，应根据设计要求，在安装吸声板的同时，进行隔声、保温、防火等材料的填充；一般采用 32kg/m³ 吸声玻璃棉或岩棉板等。

罩面油漆 吸声板半成品的油漆饰面一般已在工厂完成；个别场所有特别要求的，为保持油漆色泽一致，可事先向厂家提出要求提供未经预制油漆处理的吸声板，在吸声板安装完成后，根据需要选择油漆色泽，如涂刷清油等涂料时，相邻板面的木纹和颜色应近似。

多功能厅实景前视照片

青岛世界园艺博览会接待中心室内装饰工程

项目地点
崂山区滨海大道以西，世元大道以北，世园会园区内

工程规模
总建筑面积约 33582m^2

建设单位
青岛世园集团有限公司

开竣工时间
2012 年 4 月～2013 年 6 月

获奖情况
2014 年度中国建筑工程装饰奖

社会评价及使用效果
世界园艺博览会是园林园艺界的展览盛会，为世界各国相互交流园林园艺科研技术成果提供了展示平台。作为青岛世界园艺博览会的接待中心，接待中心不仅为参观者提供了广阔的交流空间和平台，还展现了具有代表性的本土文化与独特的园林景观特色，使各国人民可以尽情享受丰富多彩的视觉盛宴。

青岛世界园艺博览会接待中心效果图

设计特点

青岛世界园艺博览会接待中心总建筑面积约 33582m²，共分 4 组楼，属世园重点接待场馆，主要接待国际贵宾。此次设计内容主要是世园会接待中心室内装饰工程。

其中 1 号综合楼室内总面积 9061m²，分为 5 层。一层室内总面积 3290m²，设有大堂、大堂吧、瑜伽室、乒乓球室、精品店、小型商务中心。二层室内总面积 2827m²，设有 SPA 水疗区域、台湾餐厅、全日制餐厅、游泳区、健身室。SPA 水疗区域布局上将其分出，考虑后期可独立运营，其功能布局合理，设有六个理疗间、一个足疗间、一个美甲间及一个美容美发间，装饰自然典雅，宛如城市中一片宁静的绿洲。三到五层是由标准间、大床房、套房、残疾人客房组成的客房空间。

2 号楼一层主要包括大型会议室、多功能厅以及部分专家接待客房，二到四层为转接接待客房等。

3 号楼一层设有可容纳 60 人左右的行政酒廊，在内设有会议室、上网区、接待区与就餐区。二层包括接待室、大包间、专家接待客房等，三到五层为专家接待客房等。

游泳池

大堂

4 号楼地下一层设有红酒酒窖，一层为大堂、红酒吧、厨房等，二三层为餐饮包间等，四层为宴会厅、备餐间等，五层为设备层。

整个世园会接待中心内装工程的设计围绕"让生活走进自然，让自然走进室内"这一主题展开，空间设计充分尊重基地周边规划和生态环境，合理安排资源，汲取青岛当地的自然风光和独有的滨海风光，将"百花齐放、自然生态、水的律动、自然道法、外埠文化"等人文自然元素结合到一起打造标志性的场地空间形态，合理体现了齐鲁文化、海洋文化、民俗文化与园林艺术的融会贯通，营造出一种"万汇此时皆得意，竞芬芳"的氛围。

功能空间

接待大厅

空间简介

1 号综合楼一层大堂面积 804m²，左右对称，方正规整，层高 8.7m，顶部采用 158m² 自然采光顶，

大堂吧

大堂吧台

阳光充足，使大堂更具通透感。大堂吧采用下沉式布局增加层次感，正中间设水系环绕与绿植墙遥相呼应，置身其中可感受大自然的氛围。

大堂两侧分别设置服务台和休息等候区。中部设置铝质镂空雕刻隔断，将大堂与大堂吧两个空间进行分隔。

主要材料构成：地面采用米兰黄木纹石材。立面采用米兰黄木纹石材，中部设置铝制镂空雕刻隔断，右侧设置绿植墙。顶棚采用纸面石膏板与白色乳胶漆，采光顶采用钢结构。

技术难点与创新点概述

镂空雕刻不锈钢隔墙特点、难点技术分析

在现代室内装饰设计中，隔断运用越来越多，不同形式的隔断不仅能充分分割、改变空间，而且可以让材料与形式有更多的选择性，可以与不同的装饰风格协调，成为室内装饰设计的点睛之笔。但大面积金属隔断往往很难解决安装牢固性问题。世园会接待中心不锈钢隔断墙面积达五十多平方米，整体重量达到 1.5t，经过反复的设计研讨及论证，决定采用分块插接、整体焊接方式固定。

本工程为世园会配套工程，工期紧迫，这就要求该隔墙尺寸必须准确无误，不能发生返工情况，现场放样测量后，固定钢框严格按照放样尺寸烧制，预留出准确尺寸后安装周边石材。

解决方法及措施

镂空雕刻不锈钢隔墙采用电脑排版，工厂化加工，现场焊接组装，氩弧焊焊接，焊点重点处理，达到观感无焊缝效果。

不锈钢隔墙与周边石材套线连接处必须牢固，现场采用 60mm×80mm 镀锌方管做固定框，固定框与石材钢架烧制成整体，主龙骨使用 8 号槽钢固定于混凝土柱子，天地生根，保证稳固性。

不锈钢隔断墙组装之前，预先在地面进行临时拼接，按照顺序从底部两端开始临时固定，待整体尺寸调整完毕后进行焊接，焊接完底排依次往上部焊接，所有焊接口平整，拼接口焊接后没有缝隙，外框刨坑折弯，花格全部焊接侧面，一面不锈钢花格焊死固定到外框方管架上，另一面不锈钢花格用螺钉固定，可以做到日后拆装。

镂空雕刻不锈钢隔断墙施工工艺

工艺流程：现场测量放样 → 与主体结构连接固定 → 加工制作进行图案切割 → 现场平面预拼放样 → 搭设操作架 → 焊接块图案预拼 → 焊接固定 → 焊点细节处理 → 收边套线安装。

操作要点

现场测量放样	现场根据图纸尺寸进行测量放样，确定金属隔断墙的位置及尺寸。
与主体结构连接固定	钢架固定方式，根据放样尺寸烧制整体墙面钢架。严格按照金属墙尺寸烧制固定钢架，作为金属隔断的受力点，固定钢架必须与石材整体钢架焊接成整体，保证牢固安全。
	与混凝土墙（柱）固定方式。采用镀锌钢板（10mm 厚）根据设计位置使用膨胀螺栓固定于混凝土墙（柱）上，使用 8 号槽钢做主龙骨烧制在钢板上。
加工制作进行图案分割	使用 CAD 软件将图案进行分割，分割成若干块图案，分块加工图案，上色，打包运至安装现场。
现场平面预拼放样	将 23 块图案块进行平面预拼，复核现场预留尺寸，准备安装。

隔断后走廊

不锈钢镂空隔断

搭 设 操 作 架	搭设施工用脚手架操作平台，根据施工顺序先搭设 1.8m 高，使用四排龙门架搭成一体形成操作平台。
焊 接 块 图 案 预 拼	首先烧制固定支撑，采用 60mm×80mm×3mm 镀锌方管烧制在预留的外框钢骨架处，按照放好的尺寸开始烧制固定支撑，保证分割图案块的有效连接。
焊 接 固 定	按照图纸尺寸首先临时固定最下排块图案，依照事先预留的安装插口依次往上固定块图案，校对尺寸后开始有效部位点焊，焊点必须满焊。
焊点细节处理	焊接完成后使用相同颜色的漆对不锈钢焊点进行处理，达到表面无痕迹。
收边套线安装	块图案全部安装完，进行四周收口安装。采用 100mm×45mm 的同色不锈钢套线，直接扣于焊接点处，不留缝隙，增加美观度。

本不锈钢镂空隔断施工完毕后得到了业主及设计单位的一致好评，符合整个酒店的设计主题，保证了大堂的整体装饰效果，表面无毛刺，无明显色差，安装工序简单，保证了整体工期。

绿植墙景观

景观简介

垂直绿化是提高城市绿化覆盖率的重要途径之一。垂直绿化是利用植物材料沿建筑立面或其他构筑物表面攀附、固定、贴植、垂吊形成垂直面的绿化。垂直绿化不仅占地少、见效快、绿化率高，而且能

绿植墙景观

增加建筑物的艺术效果，使环境更加整洁美观、生动活泼，既增强了绿化美化的效果，又净化了人们的活动和休憩的空气环境。

本垂直绿化工程面积共计 105m^2，位于接待中心主入口大厅东侧主形象墙位置，水平长度为 15m，最高点 12.5m。主上水水源及浇灌设备安装于正立面的右下方，并采用防腐木进行包装处理，与整体绿化风格相得益彰，排水槽采用 50PVC 管材，安装于垂直绿化墙体最下端，排水管材直接连接至室外管井处。种植花草为绿萝，由南方花卉基地空运至工地，再由人工进行苗木的分拆，并采用木粉为营养基重新种植到每个种植子盆内。

本垂直绿化墙的种植系统为国内同行业新研发产品，绿化的整体效果协调、均匀，既满足了立体绿化的空间美观需求，又达到了节约空间和有效净化室内空气的效果。

技术难点与创新点分析

技术难点分析

固定用化学螺栓要定位标记，由上至下、由左至右依次进行电锤钻孔，对每个化学螺栓与墙体连接处——填补防水涂料，以防有渗漏点，防水效果满足设计要求后再进行下道工序施工。

解决的方法及措施

室内垂直绿化采用自动滴灌系统对每一个种植盆进行水分及营养液的灌溉，灌溉依次由上向下逐行进行，直至最下端一行种植盆灌溉饱和后，水及营养液自动溢出，溢出的水分及营养液自动流淌到墙体低端的集水槽中，再将集水槽中的营养液回收、循环再次利用。

盆式绿化墙体以绿色双组种植盆为基本单元，每个单元由一个母盆和两个子盆组成，所采用的植物灌溉系统为自动滴灌系统。该系统的生产及现场安装、操作均相当之方便，且可以达到使用中的节水效能。

相邻上下两个母盆连接要密实，盆内的溢水孔必须连接吻合、卡扣结实不漏水，上下两组种植母盆对接安装的整体垂直度偏差不大于 2mm。

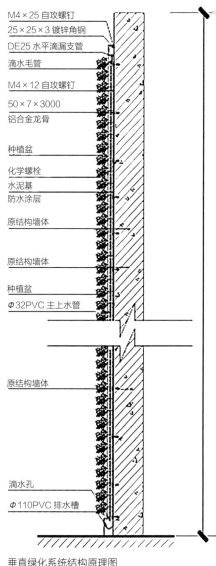

垂直绿化系统结构原理图

底部排水管畅通，排水坡度不应小于 1.5%，水平支管与滴头设备连接密实，滴头布置等间距。

防水涂料涂刷符合设计及国家行业标准，两遍涂刷方向垂直，完成面厚度不低于 2mm。

绿植墙施工工艺

工艺流程：墙面基层防水处理→定位放线→化学螺栓定位钻孔→种植母盆安装→滴灌系统安装→滴灌系统与种植母盆整体试水调试→种植子盆及植物安装。

操作要点

墙体基层防水处理	将墙体全部清扫干净，无污物、灰尘、杂质等，开始第一遍大面积水泥基防水涂料涂刷，涂刷的顺序为从上至下，要求涂刷厚度一致，涂刷均匀，无露底现象，第一遍涂刷完毕后干燥 24h 后再进行第二遍防水涂料涂刷。
定 位 放 线	根据图纸设计要求，采用经纬仪与水准仪为主要设备，在已完成防水涂料的墙体上进行横向种植盆和纵向种植盆中心线定位放线，并用墨线标记于墙体上，横向与纵向中心线的交叉点即为放线主控制点。按图纸要求，在墙面上标记出每组种植母盆固定用化学螺栓位置。
化学螺栓定位钻孔	按着已放线定位好的化学螺栓定位标记，由上至下、由左至右依次进行电锤钻孔，孔深为 120mm，孔直径为 12mm，然后在已钻好的孔内植入 M10×100 化学螺栓，植入化学螺栓后，随机抽取 10% ～ 15% 做拉拔试验，同时对每个化学螺栓与墙体连接处一一填补防水涂料，以防有渗漏点，均满足设计要求后再进行下道工序施工。
种 植 母 盆 安 装	本工程种植母盆选用 50mm×5mm×3000mm 铝合金为龙骨，每 20 个种植母盆为一组，采用不锈钢自攻钉固定于铝合金龙骨上，然后将已组装好的每组种植盆由下至上、由左至右依次与已安装好的化学螺栓进行连接固定。最下端的一排种植母盆的溢水孔要伸入已安装好的排水集水槽内，以便回收利用。
滴 灌 系 统 安 装	本工程采用的滴灌系统为手动滴灌系统，先将干管（竖向主管）和支管（水平管）通过管卡与墙体连接固定，然后再采用毛管与支管连接固定，相邻毛管间距为 220mm，毛管安装完后再于每根毛管端头安装专用滴头，毛管的安装长度以正好将滴头置入种植母盆垂直高度的一半位置为准。上述管路系统安装完毕后，开始进行抽水泵、营养灌安装。将主进水管、营养灌出水管分别与抽水泵连接，再将抽水泵出水口与干管连接，即完成整体滴灌系统安装。

滴灌系统与种植母盆整体试水调试	开启主上水水源，检查每个滴头是否全部正常出水，同时检查主管、干管、支管及毛管是否有漏水现象，并对每个滴头的出水量进行统一调试，调试好后从上至下检查每个种植母盆的储水、溢水以及下端集水槽的排水情况，并仔细检查相邻种植母盆连接是否密实、是否存在漏水现象。
种植子盆及植物安装	上述基层机构及灌溉系统安装完好后，进行子盆及植物安装，直接采用人工方式由上至下、由左至右将每盆植物放置于每个母盆当中，即完成植物的种植，之后进行植物的观察与养护。

多功能会议室

多功能会议室位于接待中心二号楼，拥有约 120m^2 的高级智能多功能会议系统。多功能会议系统是在计算机软硬件的支持下，将各种会议系统及相关设备如数字会议系统、音频扩声系统、视频显示系统、远程视频会议系统、计算机网络系统、会议灯光系统等有机地集成在一起的完整的系统，自动化集成控制，通过计算机网络进行信息的传输与共享，从而给与会者以声图并茂的视觉和听觉效果，更好地营造会议氛围，提高会议效率。

主要材料构成：地面铺设绒面纤维地毯；墙面 15mm 的铁刀木饰面、20mm 厚米色皮质硬包，以玫瑰金不锈钢做直角折边装饰；顶棚中间为灰色茶镜，两侧由白色乳胶漆、尤加利木色铝板、灰尼斯木饰面组成。

整个会议室以简洁明快的设计风格为主调，简洁和实用是现代简约风格的基本特点。不仅注重空间的实用性，而且还体现了现代社会生活的精致与个性，符合现代人的生活品位。

大堂全景

多功能会议室

青岛国际院士港高层装修工程

项目地点
山东省青岛市李沧区金水路 171 号国际院士港园区

工程规模
总建筑面积约 21 万 m²，总投资约 30 亿元

建设单位
青岛李沧城建投资开发有限公司

设计单位
山东卓远建筑设计有限公司

开竣工时间
2017 年 4 月 ~ 2018 年 3 月

社会评价及使用效果
青岛国际院士港是青岛市区唯一多层、低密度、高舒适性花园办公园区，是李沧区委、区政府坚持创新驱动和人才优先发展战略，打造的国际一流、世界首创的院士聚集区。多位科学家绕园参观后不禁感叹，这里既能满足高端人才在科技浪潮中的激情创新，又能满足对于优美环境和诗意生活的追求。其中人才公寓楼集餐饮、会议、接待、办公、娱乐等功能于一体，为来自世界各国的院士提供跨越国界的交流合作，从而推动高新产业发展。

青岛国际院士港外景·

设计特点

根据未来发展要求，青岛国际院士港进行了整体布局和功能区域划分，包括院士创新创业区，博士创业孵化区、创业加速区，人才公寓以及商务配套区。

其中人才公寓建筑层高为 19 层，地上 14 层主要功能为餐饮、会议、接待、办公、娱乐等，五层以上为客房层。设计手法使用简约现代的国际化设计手法，用有形的空间和无形的意识形态结合极简主义设计手法来构筑空间环境。色彩运用具有意境的黑白灰色调，辅助具有亲和力的暖色调，搭配其他跳跃色彩，蕴含无限生机的视觉感受。灯光设计模拟自然界时空变换的光线特点，采用点线面结合的设计手法，所有光源的运用、位置的摆放都具有功能性及目的性，营造空间的最佳灯光氛围。

大堂休息区

大堂休息厅

小型会议室

走廊

走廊装饰艺术

功能空间

大报告厅

空间简介

主要功能区划分为报告区及座位区。此报告厅建筑面积为 839m²，可容纳 300 人的会议。报告区设有演讲台及主席台，上方设有三块可供播放的 LED 显示屏，它由大屏幕显示、多媒体视频信号源、音响、切换和中央集成控制几大部分构成，不管是作学术报告、总结还是汇报，都可用电脑互动操作的图、文、声、影、画展示以及利用先进的演播系统对报告厅内的重要活动进行实时的录制、导播、直播，充分调动与会者以及远程与会者的感官知觉，提升会议效果。

大报告厅

主要材料构成为主席台四面铺设实木地板，区域部分均铺设手工羊毛地毯。立面主要以织物硬包及木饰面为主，报告区两侧立面采用仿古铜色拉丝不锈钢方通，所有踢脚均以仿古铜色拉丝不锈钢为主。吊顶为莲花型叠级吊顶，吊顶基层为轻钢龙骨石膏板，面层为乳胶漆和拉丝古铜不锈钢，四周配 LED 筒灯与灯带，共同衬托出莲花花瓣的美。中间花瓣区吊顶标高最高点为 5.7m，最低点为 5.45m。

技术难点与创新点分析

技术难点分析

• 该项目为青岛市李沧区政府 1 号项目，要求标准高。

• 报告厅为现场容积最大的会议室，接待规格高，装修质量要求高。

• 报告厅吊顶莲花花瓣要求精度高，多种面层材料交错复杂。经讨论，首先用电脑放样做出花瓣基层板，不锈钢厂家做出模子，逐个逐条进行复核，然后进行不锈钢表面处理，这样可使基层与面层契合率达到 100%，处理完成后现场安装。

• 考虑是球形网架彩钢板屋面，屋面钢架较多且交错复杂，吊顶转换层不能焊接，

大报告厅莲花吊灯

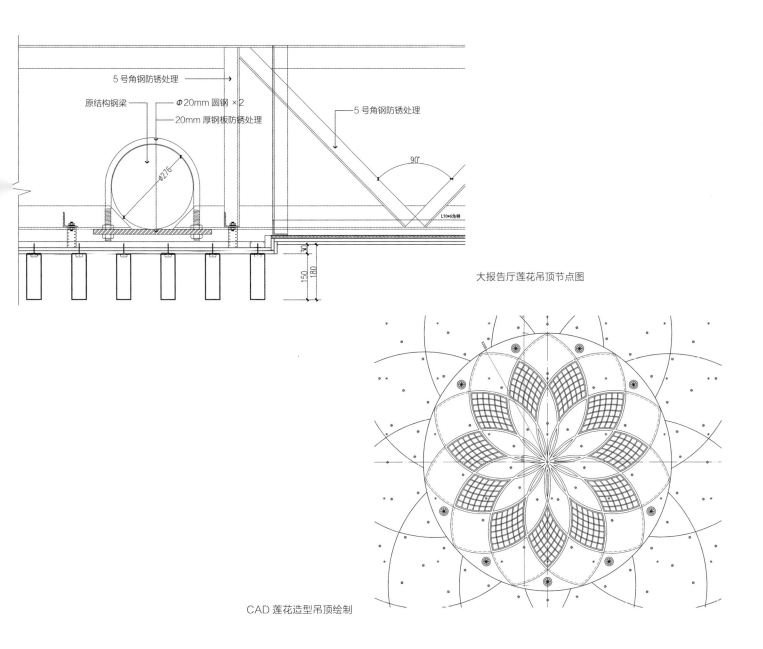

5号角钢防锈处理

原结构钢梁 — Φ20mm 圆钢 ×2
20mm 厚钢板防锈处理

5号角钢防锈处理

90°

Φ276

L70*6角钢

大报告厅莲花吊顶节点图

CAD 莲花造型吊顶绘制

不能破坏屋面的整体结构，稳定性较差。经讨论决定采用如下措施：

首先进行放线，测出钢结构钢架的间距，根据间距调整抱卡间距、角钢距离，吊顶钢结构转换层采用 U 型抱卡与 20mm 厚钢板，钢板与角钢螺栓连接。

然后，安装主龙骨、副龙骨，保证整体稳定性，细木工板做出花瓣造型。

最后，安装纸面石膏板，自攻螺钉确保安装在龙骨上，间距控制在 200mm 以内，不破坏石膏板纸面，整个平整度控制在 3mm。

· 风口、喷淋口、灯口较多，强制定位的图纸与现场的实际状况存在误差。首先应对原图纸进行放样，保证花瓣区尺寸与图纸一致，如若有图纸与现场不一致的尺寸应放在花瓣区以外，电脑制图与实际相结

套房休息室实景

合，定位准确率可达到 95% 以上。安装完副龙骨后采用废旧石膏板进行风口、喷淋的定位，直接从孔洞引下。

· 莲花花瓣的定尺放线及定位安装。首先用电脑放样做出花瓣积层板，然后在石膏板上画出形状，然后进行复尺，在下面作出造型基层后进行吊装，莲花花瓣尺寸与图纸契合度达到 100%。

套房

空间简介

在此次套房设计中，以三个主要内容为出发点：第一是功能设计，第二是风格设计，第三是人性化设计。而在设计的流程顺序上，功能第一，风格第二，人性化第三。但在设计的整体构思上，三项内容则要统一思考、统一安排，不分先后，不可或缺，功能服务于物质，风格服务于精神，而人性化研究是对物质与精神融合以后实际效果的检验与深加工。在区域划分上具备睡眠、办公、起居、盥洗、储存五个功能区域，房间内安全舒适，通过淡雅的色调与中西合璧的家具组合，向客人传达着一种家一样的温馨以及舒适的感受。

主要材料构成为地面铺设绒高 8mm 的羊毛地毯；立面主要以皮质印花硬包、米黄壁布及木饰面组成，

再以古铜不锈钢嵌条修饰；顶面为乳胶漆。两个卫生间地面、墙面均铺贴直纹玉天然大理石，顶面为防水乳胶漆。

技术难点与创新点分析

技术难点分析

· 10 ~ 17层为客房层，每层20间客房，公共区域、客房墙面大量采用硬包饰面，面积约8000m²，工程量大。
· 墙面硬包采用密缝（不倒角）的拼接方式进行安装，相对以往倒角的拼接方式施工难度大，工艺要求更高。
· 墙面硬包多与不锈钢嵌条配合使用，相对施工难度大。
· 硬包单平方米造价高，若出现质量问题，项目损失高。

样板间施工过程中出现如下问题

· 阳角硬包与基层之间不密实，起泡；硬包直边位置不顺直，呈半圆状。
· 板面硬度差，碰撞后出现孔洞，严重变形。

吸取教训，分别从硬包基层、面层、板幅三方面分析原因

基层选材。

15 层样板间采用 12mm 厚密度板。密度板的优点是表面光滑平整、材质细密、性能稳定，由此可见 15 层硬包比 16 层平整度高、变形小。缺点是不防潮，见水就胀，握钉力较差，材质用料琐碎，高温碾压而成，甲醛含量高。

16 层样板间采用 12mm 厚阻燃板。阻燃板的优点是阻燃性能好，在胶合板基础上加工而成，质轻、易加工，结构强度好，抗弯能力强、环保。缺点是变形大（较密度板）。

食堂墙面采用 12mm 普通纸面石膏板。石膏板的优点是价格相对便宜、平整度高、环保。缺点是强度相对低、损耗大（由于成品石膏板四周有 40mm 宽圆边，做基层前需要先裁掉），握钉力差，阳角部位无法做成一体。

面层分析

所选硬包面层为壁布的一种，壁布的基底材质为纤维无纺布或者纺织十字布，硬度比较大（普通墙纸基底为木纤维），故壁布与基层间（特别转角部位）易出现起泡、不密实现象。

硬包的变形系数与硬包板幅尺寸息息相关，施工图墙面板幅尺寸 1200mm，变形风险较高，硬包损耗大（面层板副为 1370mm），经沟通，调整板幅尺寸（不大于 600mm），节省成本，降低施工风险。

确定基层板。鉴于出现的质量问题，寻找一种新材料作为硬包基层的工作尤为重要，项目部组织考察、参观、交流学习，最终选定 PVC 发泡板（雪弗板）作为硬包的基层。

• 雪弗板特性：隔声、吸声、隔热、保温、环保等性能良好；具有阻燃性，能达到 B1 级，满足墙面防火要求；具有防潮、防霉、不吸水的性能；质地轻，储运、施工方便；可像木材一样进行钻、锯、钉、粘等加工；板面平整光滑、硬度高，不容易有划痕。

• 雪弗板成本与阻燃板成本对比：12mm 厚雪弗板 50 元 /m²，15mm 厚阻燃板 45 ~ 50 元 /m²。

制作与安装

墙面基层制作：放线（放通杆位置、龙骨间距线）——安装卡尺龙骨——安装 50 副龙骨——安装纸面石膏板

- 放线、安装通丝螺杆、卡尺龙骨间距控制在 800mm 以内。
- 安装竖龙骨（间距 400mm）。
- 安装纸面石膏板。

采用通丝螺杆 + 卡尺龙骨 + 副龙骨 + 纸面石膏板基层做法的优点：节能环保，减少木质板材用量，提高室内装饰环境质量；变形系数小钢龙骨变形系数小；平整度高，纸面石膏板的平整度高（较木基层），为硬包安装提供有力保障。

硬包制作

- 放线。根据深化会后幅宽尺寸，用红外线将竖向分格线反投于墙面基层上，然后用墨斗将墨线弹在墙面上并编号，下单尺寸标于墙面。
- 基层下单。首先，根据放线尺寸及编号，开始基层下单；基层下单时，板的四周做 45° 内倒角处理，使棱角更顺直、更挺。其次，阳角位置需做成 L 形一体，基层碰尖胶粘后，采用枪钉固定。
- 基层下单表面清理后，在基层表面整体喷胶（均匀）后，将面层与基层粘贴，采用刮板刮平，并将完成的硬包放入高温下吸附，利于基层与面层之间的粘结力。
- 将吸附后的硬包，背面采用码钉固定整齐，按照编号分类堆放，并做好成品保护。

现场安装

安装方式以"魔术粘为主、胶粘为辅"，突破传统安装方式。安装过程中，用红外线反投于墙面，作为安装依据，保证缝隙大小一致。

雪弗板基层做硬包的优点

环保。采用新的安装方式减少胶用量，降低了业主投诉有味的风险。硬度、平整度高、保证质量。不易受潮，变形小，降低质量风险，适合青岛这种潮湿的天气环境。质地轻、便于运输、安装。

青岛海洋科学与技术国家实验室装饰工程

项目地点

山东省青岛市即墨区鳌山卫镇问海路一号

工程规模

总建筑面积 35768.6m^2，结算造价 4150 万元

建设单位

青岛国信发展有限责任公司

设计单位

青岛北洋建筑设计有限公司

开竣工时间

2014 年 7 月 ~ 2015 年 11 月

社会评价及使用效果

青岛海洋科学与技术国家实验室是打造海洋科研的"国之重器"，迎接中国海洋科技的朝阳。它依托青岛、联动全国、面向世界，是一个国际一流的综合性海洋科技研究中心和开放式协同创新平台。它以国家任务为核心，既是创新体系的核心，也是自主创新技术的策源地，是一个全创新链的布局。

全景鸟瞰效果图

入口

设计特点

青岛海洋科学与技术国家实验室位于山东青岛即墨鳌山湾，濒临大海，地形狭长，海岸线曲折绵延，地势北高南低，建筑依次错落。整个园区面积约3.7万 m²，建筑布局顺应地形，随着基地的层叠关系，建筑依次错落，力求体现现代、绿色、生态开放、共享的设计理念，空间布局体现了建筑与环境的和谐相处，形成了山海一体、共生和谐的画面。

向海洋进军，发展海洋科技事业，打造海洋科研创新基地，已成为建设海洋高质量发展的重要支撑。实验室按照"人与科技、自然和谐共生"的设计理念，结合海洋领域的特点和青岛的地域风情，采用贝壳式屋顶设计、波浪式的平面布局塑造了伸展自如的海洋风貌。西园区的中间采用露天式天井设计，环绕式立体走廊围绕中庭展开，做到自然通风、充分利用自然光源的同时，也达到了节能环保的效果。

海洋国家实验室作为走在国际前沿的国家级重点实验室，严格参照执行各项国家现行标准，与国际前沿技术接轨，设计具有前瞻性，充分考虑检测项目、检测仪器、检测技术拓展和更新换代需求，实现操控的人性化、智能化和集成化。

入口大厅

过道

作为国家级重点实验室，海洋实验室在做到设计大气美观的同时也着重考虑安全可靠，从功能布局、气流控制、智能监控、应急消防、系统管理等多角度，全方位考虑，确保办公实验人员、样品、数据、仪器、系统和环境安全。

功能空间

科学俱乐部

空间简介

科学俱乐部区域由两个椭圆形的空间链接组成。科学俱乐部的地面采用运动地胶，顶棚采用仿木纹铝方通，顶棚设计呼应外部建筑造型，室内外整体风格统一。休闲咖啡区环绕中庭花园展开，在享受休闲时光的同时，也可以观赏到室外中庭花园的绿植景观，健身区和休闲区完全分离开，动静分离的设计，使得在休息喝咖啡的时间不至于受健身区的声音影响。

科学俱乐部是海洋实验室的重要区域，主要由中庭花园、休闲咖啡区和健身区组成。健身区为工作人员提供了活动锻炼的空间，休闲咖啡区可以供员工交流、活动等。科学俱乐部的整体设计，功能空间划分明确，休闲区和健身区分离开，做到了动静分离。

主要材料构成：科学俱乐部顶棚采用仿木纹铝方通和铝单板；地面采用运动地胶，少部分 PVC 地胶；墙面采用乳胶漆。

技术难点与技术创新点概述

技术难点分析

科学俱乐部的顶棚造型别具一格，设计呼应建筑外部造型，采用 20mm×200mm 仿木纹铝合通，每组中心间距 520mm。上面是采光顶，仿木纹铝方通合理的间距排布，使得白天可充分利用自然光源。该部位造型新颖，异型加工较多。故如何保证该部位的材料加工、安装质量控制，是工程的重点。

科学俱乐部

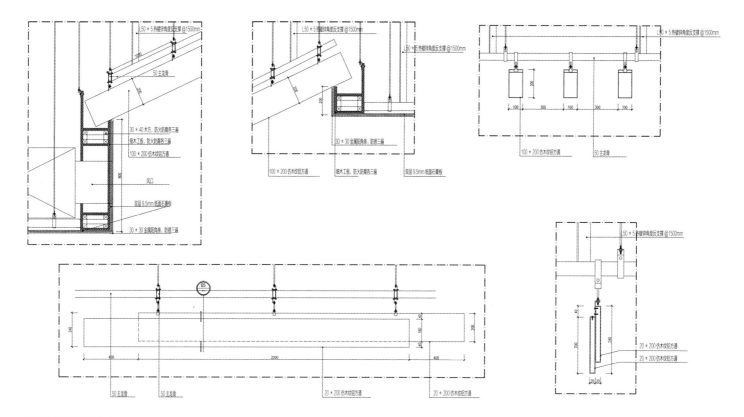

科学俱乐部顶棚节点

解决方法及措施

根据装饰图纸及深化设计，首先将 ∏ 型连接件通过连接螺栓固定在镀锌方管上（也可以根据现场实际需要使用角钢等），然后将镀锌方管通过角钢和膨胀螺栓固定在顶棚上。另一侧将 L 型收边条通过螺栓固定在侧墙上，也可以采用其他方式实现 ∏ 型连接件和镀锌方管之间、镀锌方管与顶棚之间以及 L 型收边条和侧墙之间的连接或固定关系。最后将铝单板的一侧搭在 ∏ 型连接件上，相对的另一侧边搭在 L 型收边条上。

如果铝单板结构设置在顶棚的非边缘区域，则该铝单板结构可以使用两个 ∏ 型连接件，以方便在顶棚上的安装。∏ 型连接件通过连接螺栓固定在镀锌方管或角钢上，镀锌方管或角钢则通过连接角钢和螺栓（或者其他的连接、固定方式）固定在顶棚上。铝单板的一个侧边搭在一个 ∏ 型连接件上，另一侧边搭在另一个 ∏ 型连接件上。

∏ 型连接件的材质可以与铝单板的材质相同，两条外侧边为直线型或翻边型。可以根据顶棚造型的需要对 ∏ 型连接件的形状进行调整，例如，若顶棚造型需要空格线条，则可采用上述直线型，若顶

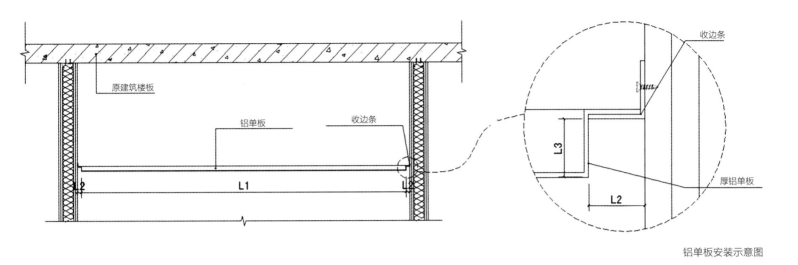

铝单板安装示意图

棚造型需要大面调整，则可采用翻边型。铝单板可以为各种规格尺寸大小，三面可做成翻边结构，背面可设可不设加强筋。为了减少跨度过大产生扰度变形，铝单板建议为 2.5 mm 以上厚度，并设加强筋。

铝单板吊顶施工工艺

现场尺寸复核；排版放线；板块深化设计；铝板工厂化加工；安装支撑架；安装专用挂件及边龙骨；安装铝单板；细部收口。

多功能厅

空间简介

多功能厅区域由发言台和听众席组成。在设计上尤其注重声学方面，内部设计充分考虑声学吸声，墙面采用布艺阻燃吸声板，顶棚采用黑色吸声毡都使内部达到理想的吸声效果。作为能容纳近 500 人的功能厅，在其不同方位设置了扩声音响，确保声音的传达。

主要材料构成：顶棚采用石膏板吊顶乳胶漆饰面、木饰面、黑色吸声毡；地面采用地胶、过门石为银貂大理石；墙面采用 B1 级布艺阻燃吸声板、木饰面。

多功能厅正面

技术难点及创新点概述

技术难点分析

布艺吸声板吸声频谱高，对高、中、低的噪声均有较佳的吸声效果；具有防火、装饰性强、施工简单等特点，具有多种颜色和图案可供选择，并可根据声学装修或业主要求，调整饰面布、框的材质。

解决方法及措施

基层处理：人造革软包，要求基层牢固，构造合理。如果是将它直接装设于建筑墙体及柱体表面，为防止墙体柱体的潮气使其基面板底翘曲变形而影响装饰质量，

多功能厅侧面

基层做抹灰和防潮处理。通常的做法是，采用1：3的水泥砂浆抹灰做至20mm厚。然后涂刷冷底子油一道并作一毡二油防潮层。

木龙骨及墙面安装。当在建筑墙柱面做皮革或人造革装饰时，应采用墙筋木龙骨，墙筋龙骨一般为（20～50）mm×（40～50）mm截面的木方条，钉于墙、柱体预埋的木楔上，木砖或木楔的间距与墙筋的排布尺寸一致，一般为400～600mm间距，按设计图纸的要求进行分格或按平面造型进行划分。常见的形式为450～450mm见方划分。固定好墙筋后，即铺钉夹板做基面板；然后以人造革填塞材料覆于基面板上，采用钉将其固定在墙筋位置；最后以电化铝冒头钉按分格或其他形式的划分尺寸进行固定，也可同时采用压条，压条的材料可用不锈钢、铜或木条，既方便施工又可使其立面造型丰富。

面层固定皮革和人造革饰面的铺钉方法，主要有成卷铺装或分块固定两种形式。此外尚有压条法、平铺泡钉压角法等，由设计而定。

成卷铺装法。由于人造革材料可成卷供应，在应较大面积施工时，可进行成卷铺装。但需注意人造革卷材的幅面宽度，应大于横向木筋中距 50 ~ 80mm；并保证基面五夹板的接缝需置于墙筋上。

分块固定是先将皮革或人造革与夹板按设计要求的分格，划块进行预裁，然后一并固定于木筋上。安装时，以五金夹板压住皮革或人造革面层，压边 20 ~ 30mm，用圆钉钉于木筋上，然后将皮革或人造革与木夹板之间填入衬垫材料进而包覆固定。须注意的操作要点是：首先必须保证五夹板的接缝位于墙筋中线；其次，五夹板的另一端不压皮革或人造革直接钉于木筋上；最后就是皮革或人造革剪裁时必须大于装饰分格划块尺寸，并足以在下一个墙筋上剩余 20 ~ 30mm 的料头。如此，第二块五加板又可包覆第二片革面压于其上进行固定，照此类推完成整个软包装饰面。

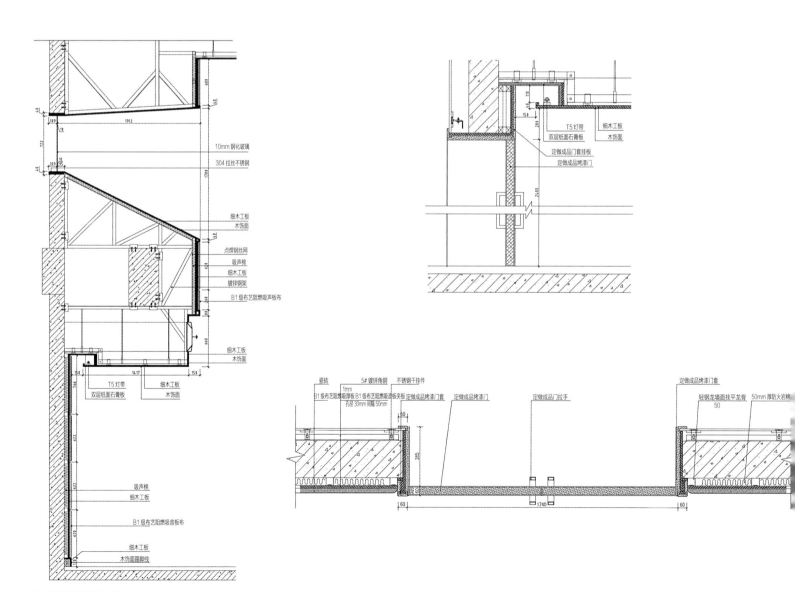

多功能厅墙面节点图

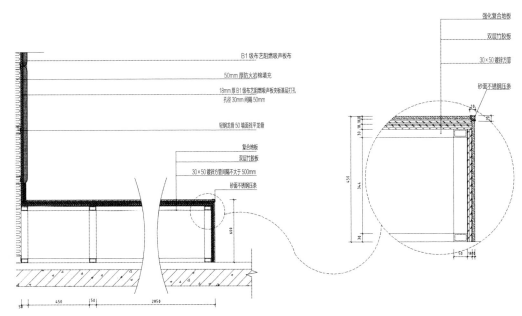

B1级布艺阻燃吸声板布

50mm厚防火岩棉填充

18mm厚B1级布艺阻燃吸声板夹板基层打孔
孔距30mm 间隔50mm

轻钢龙骨50墙面找平龙骨

复合地板
双层竹胶板
30×50镀锌方管间隔不大于500mm
砂面不锈钢压条

强化复合地板

双层竹胶板

30×50镀锌方管

砂面不锈钢压条

多功能厅节点图

皮革软包墙面施工工艺

基层或底板处理	在结构墙面上预埋木砖抹水泥砂浆找平层。如果是直接铺贴，则应将底板拼缝用油腻子嵌平密实，满刮腻子1~2遍，待腻子干燥后，用砂纸磨平，粘贴前基层表面满刷清油一道。
吊直、套方、找规矩、弹线	根据设计图纸要求，把该房间需要软包墙面的装饰尺寸、造型等通过吊直、套方、找规矩、弹线等工序，把实际尺寸与造型落实到墙面上。
计算用料、截面料	首先根据设计图纸的要求，确定软包墙面的具体做法。
粘贴面料	采取直接铺贴法施工，应待墙面细木装饰基本完成时，边框油漆达到交活条件，粘贴面料。
安装贴脸或装饰边线、刷镶边油漆	根据设计选定和加工好的贴脸或装饰边线，按设计要求把油漆刷好（达到交活条件），便可进行装饰板安装工作。经过试饼，达到设计要求效果后，便可与基层固定和安装贴脸或装饰边线，最后涂刷镶边油漆成活。
修整软包墙面	除尘清理，钉粘保护膜和处理胶痕。

青岛市崂山风景名胜区登瀛游客服务中心精装修工程

项目地点

青岛市崂山区沙子口街道大河东社区以南

工程规模

室内设计面积 18900m²，占地 9241.41m²

建设单位

青岛博海建设有限公司

设计单位

山东富达装饰工程有限公司

开竣工时间

2014 年 2 ~ 6 月

获奖情况

2015 年中国建筑工程装饰奖

社会评价及使用效果

登瀛游客中心是一个直接为游客服务的综合场所，整个建筑不仅反映了景区的风格，而且也是景区品位和管理水平的集中体现。高质量、高标准、高规格的落地运营，"吃、住、行、游、购、娱"全方位一站式的服务，使它真正成了服务四方游客的温暖之家。

青岛市崂山风景名胜区登瀛游客服务中心全景效果图

设计特点

崂山游客服务中心是崂山景区整体打造的重点配套设施之一，位于沙子口街道大河东社区以南区域，占地 236 亩，主要建设内容是地上及地下停车场、游客中心、来客停车区、购票候车区、电子门禁检票区、环保车换乘区、办公服务区等。总建筑面积 41000m²，设停车位 2000 个，是一个集景点售票、宣传推介、导游服务、集散换乘、咨询投诉、餐饮、购物、监控监管等于一体的综合型服务机构。以"山海气象、自然道韵"为设计思想，"气""象"为设计主题元素。

"气"——气韵贯通，流畅便捷；生命力、元气、精神；引导功能、集散功能、服务功能。

"象"——文化传播、互动交融、展示推介；信息功能；展示崂山文化、自然的深厚魅力；旅游、文化的良性互动。

意在通过整体的营销策划打造游客中心的特色形象。设计立意自然生态，庄重典雅，富于文化气息，通过各种元素的运用彰显特色主题，并与周围环境达成和谐统一，使游客中心成为涵盖自然、文化、互动、创新、道韵的综合承载体，"山海气象、自然道韵"贯穿始终。

以"气""象"为主题元素，通过抽象、解构、提炼将主题进行延展；颜色上将崂山之色——生褐、石绿、竹青、赤色与道教寓意之色——青色、紫色进行融合并赋予不同空间，整个空间打造行云流水、韵律十足、流畅动感，静与动的结合，展现了道教名山的精神属性。

功能空间介绍

登瀛游客服务中心一楼大厅

空间简介

游客服务中心是一个窗口，旅游者通过它了解整个区域内环境、景物和旅游各组成要素的分布、组合状况及存在的问题。

游客服务中心可为旅游者提供住宿、休息、餐饮、交通、娱乐、购物等功能。通过游客中心提供的资

料以及宣传、展示、咨询、解说服务，游客可以集中而概括地了解涉及游历过程的主要信息。这些信息包括本景区或区域合作营销范围内其他景区的资源、景观、活动、交通、食宿等方面。解说功能是游客中心最为重要的功能之一。

主要材料构成：大厅顶棚采用防水石膏板和防水乳胶漆；墙面采用 900mm×1800mm 墙砖；地面采用 900mm×1800mm 陶瓷薄板防滑地砖。

技术难点与创新点概述

技术难点分析

青岛崂山风景名胜区登瀛游客服务中心工程大厅地面 PP 板铺贴施工，从交付使用至今未出现任何质量问题，并以其独具的装饰特点，取得了较好的整体装饰效果，得到了游客、业主及社会各界的好评。因为陶瓷薄板比普通瓷砖要薄得多，因此其施工工艺更加先进，施工时要轻拿轻放，以免在施工过程中造成瓷砖破裂。

解决方法及措施

在铺贴陶瓷薄砖之前，先将基底处理坚实、平整、洁净，不得有裂缝、明水、空鼓等缺陷，且填缝施工前清除缝隙间的杂物，并用清水润湿缝隙等，施工环境温度不宜过热或过冷。

采用十字交叉法刮抹胶粘剂，可保证结合层分布均匀一致，使薄板粘结受力面积最大化，从而大大提高其初始平整度及粘结牢固性，解决传统铺贴施工中因粘结层厚度不均匀而导致粘结不牢固等问题。

根据陶瓷薄板铺贴的平整度及方正度要求，采用玻璃吸盘代替人工抬运及位置调整，便于施工过程中随时进行尺寸、间距、位置的精确调整及控制，施工快捷、方便。手提式小型平板震动器，可根据粘结层厚度及平整度情况，通过均匀的激振力震动，使陶瓷薄板通过粘结层与地面均匀、密实地结合，并保证其表面平整度，避免空鼓。

如采用水泥基胶粘剂粘贴陶瓷薄板砖时，应采用齿形镘刀均匀梳理胶粘剂，并借助木杆、橡皮锤等轻敲，令瓷砖与胶粘剂粘得更牢，另外多余胶粘剂应立即清除，避免影响陶瓷薄板砖的装修效果。在陶瓷薄板的日常维护保养中，禁止用带酸碱性的清洗液清洗，以免腐蚀破坏表面的金属釉面；使用酸性清洗剂清洗水泥基填缝剂也是不允许的，以防造成腐蚀破坏。

地面陶瓷薄板铺贴施工工艺

地面铺贴工艺流程为：
基层结构清理→排版放样→滚涂界面剂→胶粘剂的拌制及刮抹→陶瓷薄板铺贴→擦缝→清洁及养护。

操作要点：

基层处理、定标高　施工前将地面油污、浮灰等清除干净，如有松散颗粒、浮皮，必须凿除或用钢丝刷至外露结实面为止，凹洼处应用砂浆补抹平。

排版放样　PP板铺贴前在四周墙面和柱子上弹出完成面为1m标高控制线。并先仔细丈量铺贴部位几何尺寸，采用电脑排版，确定合理的排版方案，统计出具体PP板匹数，以排列美观和减少损耗。

问讯处局部

问讯台

滚涂界面剂	将基层地面清理干净后，预铺贴部位满涂界面剂 2 遍，晾干。每次滚涂面积以 5 ～ 10m²PP 板面积为宜。
	PP 板面层滚涂界面剂，根据地面滚涂面积，对应滚涂 PP 板面积数，均匀滚涂 2 遍，晾干。
瓷砖胶粘剂的拌制与刮抹	将胶粘剂与水按 10:3 比例机械搅拌成流动的稠浆，浇灌在基层地面及薄板背面上。
	先采用锯齿镘刀将胶粘剂均匀刮抹至地面铺贴部位（刮抹单块 PP 板面积），采用长向纹理刮涂，根据镶贴厚度控制在 2 ～ 3mm。采用同样方法将 PP 板背面均匀刮抹胶粘剂，方向与地面刮抹方向相同，便于挤压粘贴过程中气泡，根据胶粘层总厚度，将刮抹厚度控制在 2 ～ 3mm。
	搅拌好的砂浆防止曝晒，随用随搅，宜在 2h 内用完。
陶瓷薄板铺贴	在地面基层上弹（拉）出方正的纵横控制线。弹线尺寸按实际长、宽及设计铺砌图形、房间净空大小等计算控制，由铺贴区域中心向两侧进行。
	在胶粘剂未初凝前铺 PP 板，从里向外沿控制线进行，铺贴时需两人同时共同用玻璃吸盘吸附 PP 板，随即将 PP 板背面朝上、正面朝下，对正控制线慢慢倾斜倒转进行铺贴，紧跟着用手将面铺平。
	以 2 ～ 3 块 PP 板为一段铺好后，用手提式小型平板振动器，从单块铺贴 PP 板中间部位向两侧分别振压，尽量使胶粘剂内气泡全部挤出，振压密实。根据接缝大小要求采用塑料十字卡，设置统一间隙。
	用平板振动器的同时，修理好四周边角，并采用 2m 铝合金靠尺控制并调整好面层平整度，将 PP 板地面与其他地面接槎处的门口修好，保持接槎平直。
擦　　缝	及时检查缝隙是否均匀，如不顺直，用小靠尺比着开刀轻轻地拔顺、调直，先调竖缝，后调横缝，边调边用平板振动器振平压实；同时检查有无掉角现象，并及时将缺角的地砖补齐。
	整体铺贴完成 48d 后清理砖缝并勾缝，将勾缝剂挤压填充至砖缝中擦嵌平实，并随手将表面污垢和灰浆用棉纱头擦洗干净。
表面清洁及养　　护	铺贴完 24h，应用干净湿润的锯末或彩条布覆盖。养护不少于 7d，四周采用彩条带围挡，铺贴面 7d 内不得上人作业。
养　　护	铺完砖 24h 后，洒水养护，时间不应小于 7d。

中空处大厅

空间简介

为了使游客更清楚景区现状、旅游的路线，以及在旅游活动中提高环保意识，游客接待中心内设计了提供景区介绍、环境教育的特殊设施，根据其需要可设计展示厅、陈列室、多媒体厅、售票大厅等。

根据候车大厅的使用性质、所处的环境和相应的标准，运用建筑设计原理，创造功能合理、舒适优美、满足人们出行需求的功能空间。

候车厅的装饰无需追求高档、豪华。过度地使用高档材料，一味地追求富丽堂皇，不仅造成经济上的浪费，也给人带来视觉污染。装饰的目的是为室内空间创造一

中空处候车大厅

中空处候车大厅顶棚

个良好的环境背景，用它来衬托室内物品，而真正的目的是保证乘客的感受舒适。室内的一切都是为乘客服务的。

候车大厅秉承了简约主义风格的设计，以强调空间功能的需求为前提，又避免过于强调功能而使建筑空间单调、呆板的弊端。简约主义风格的特色是将设计元素、色彩、照明、材料简化到最少的程度，对色彩材料的质感要求很高，因此简约的建筑设计，朴素、自然、和谐，可达到以少胜多、以简胜繁的效果。

主要材料构成：大厅顶棚采用 450mm×350mm 异形铝方通；墙面采用防水乳胶漆、40mm×100mm 铝方通、不锈钢踢脚；地面采用 800mm×800mm 防滑地砖。

技术难点与创新点概述

技术难点分析

铝方通（U 形方通、U 形槽）是近几年新兴的吊顶材料之一，它是由铝板材料加工成型，并经表面处理而成的铝制品。其特性是重量轻、刚性好、强度高、耐候性和耐腐蚀性好、可塑性强，造型独特美观，外观精细、平滑、易清洁，保养施工方便、快捷，色泽均匀一致，户内使用也可回收再生处理。

此部位铝方通吊顶标高从 2.500 ~ 11.300m 不等，吊顶沿观众席逐步升高，最高点超过 10m。因此在施工时，确保高处作业安全是一个重点。另外，由于吊顶高度较高，施工时操作多有不便，这对控制吊顶整体造型来说有一定困难。

整个铝方通吊顶面积较大，将近 600m²，且平面上吊顶按扇形排布，吊顶长轴方向呈弧形起伏，短轴方向沿观众席的混凝土结构逐步升高。吊顶造型奇特，施工时吊顶造型的准确性控制难度大。

由于吊顶造型不规则，因此常规的吊顶及其配件、连接件无法保证全部匹配。

解决方法及措施

一般的铝方通吊顶，铝方通与配套龙骨为垂直交叉连接，而由于本工程铝方通吊顶平面呈扇形布置，因此，每根铝方通与配套龙骨的角度都不一样，单纯制作每根铝方通的配套龙骨不仅费时而且成本较高，这就造成了常规的吊挂方式无法适用于此类异型吊顶的问题。经过反复研究和试验，施工人员最终敲定了一个简单而又实用的连接方法。取消铝方通的配套龙骨，用 L50×5 的角钢做竖向和横撑龙骨，并将每一组铝方通单独吊挂，使之成为一个独立的单元。两根铝方通用细木工板做成的木制连接配件进行连接，吊件也固定在木制连接配件上。

铝方通吊顶施工工艺

工艺流程：现场测量放线→模具制作安装→型钢转换层制作安装→安装吊杆→安装挂件→安装铝方通→模具拆除。

操作要点：

现场测量放线　用经纬仪、水准仪、激光标线仪等将吊顶区域的墙面 1m 水平线弹出，将施工现场吊顶最高点、最低点核实到位，做好实体标记。

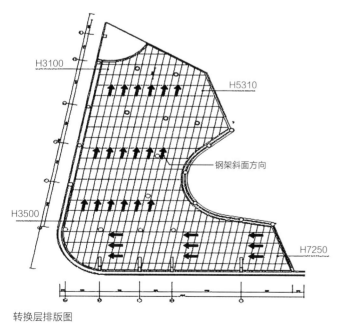

转换层排版图

转换层焊接完成图

模具制作安装	根据波浪铝方通设计弧度，运用 CAD 电脑 1：1 建模测放将弧度准确测定，现场制作铝方通模型。
	根据标高线调整整根铝方通模型角度，测出模型安装后底标高，严禁模型随意吊挂。
	吊杆固定模型要牢固，预防模型变形。
	铝方通严格按照深化波浪弧度进行加工，并对每段铝方通进行加工编号。
型钢转换层安装	运用 CAD 电脑排版，计算转换层用钢量，作出铝方通受力分析。
	5 号镀锌角钢焊接钢结构转换层，角钢间距 1200mm×2400mm，吊杆间距 1200mm，焊点处防锈处理三遍。
	转换层焊接确保底层平整，误差控制在 2mm。
	根据设计要求对转换层喷涂黑色涂料进行隐藏。
安装吊杆	搭设操作平台，确保作业人员工作面，与原做模型进行比对，测量吊杆长度，裁切 M8 螺纹吊杆。
安装挂件	采用高强度燕尾丝，利用电动工具直接在角钢转换层上和铝方通上安装专用铝合金挂件。
安装铝方通	挑选出一整根最长的波浪铝方通，对应编号，将铝方通在地面上拼接出完整的波浪形状，进行样板整根预吊。
	铝方通套接接头现场切割，接头安装密实，符合规范要求。
	单根铝方通安装好无误后，进行大批安装，从标高低的地方向高的地方分批安装。
	对照模型，利用吊筋上下调节安装高度，双斜铝方通底标高拉线测量，减少误差。
模型拆除	待铝方通安装 1/3 后，已安装完成的铝方通作为参照，现场制作的模具进行拆除。

青岛八大关小礼堂室内设计改造

项目地点

青岛市市南区荣成路 44 号

建设单位

青岛市城市投资有限公司

设计单位

山东卓远建筑设计有限公司

开竣工时间

2017 年 12 月 ~ 2018 年 3 月

社会评价及使用效果

八大关小礼堂集会议、餐饮、娱乐等多项功能于一体,布局合理、高大典雅、装潢考究,其建筑也是具有民族特色的厅堂建筑,是青岛标志性建筑之一。

青岛八大关/小礼堂正立面 ゛

设计特点

青岛八大关小礼堂是八大关宾馆最重要的组成部分，始建于 1959 年，是一幢具有浓厚民族特色的厅堂建筑。当时代号为 505 工程，计划建成国际会议中心，室内有高大的观众厅、宴会厅、大型会议室。1962 年，因为当时的政治、经济等方面的原因，仅建成了地上、地下各一层的建筑，总面积约 10000m²，从而形成了这一独具特色的建筑外貌，属近现代著名建筑，也是具有民族特色的厅堂建筑，青岛人俗称"石头城"，室内有高大的观众厅、宴会厅、大型会议室。青岛政治性大型宴会，如国庆招待会等都在这里举行。

整体室内方案设计的出发点与原则，遵循建筑风格的延续，以室内空间的特殊属性作为标准，设计手法及色彩空间的营造都围绕其作为重要接待场所的特性，营造和谐、和平、祥和、盛世、吉祥的空间氛围，置身于空间内便会感受到空间所带来的精神属性。

荷花纹　　　　　　　　　　　　如意纹

卷草纹　　　　　　　　　　　　云纹

迎宾大厅

功能空间

迎宾大厅

空间简介

一层迎宾大厅作为空间入口，承载第一印象。整个空间设计思路以"和合之美"为设计宗旨，遵循整体建筑风格，以厚重的欧式风格为基调，顶棚造型及地面拼花以9的倍数为基数，九九归一为尊，墙面顶棚、地面细节处赋予象征谦逊、节高、国泰昌盛的荷花纹，象征诸事顺利、和和美美的如意纹，象征长顺久远、连绵不绝、蒸蒸日上的卷草纹，象征吉祥如意的云纹，作为对接待贵宾及预祝会议圆满的祝福，"和合之美、盛世祥飞"主题贯穿始终。

主要材料构成：墙面石材浮雕墙面板采用40mm厚浅浮雕白玉兰石材，原建筑墙体采用双层钢筋网喷浆加固，干挂钢架为双层8号槽钢与5号角钢焊接而成。其余室内面层均采用莎安娜米黄石材；顶部采用GRG造型，地面石材拼花造型。

迎宾大厅入口

技术难点或技术创新点概述

技术难点分析

在大堂墙面组合石材线条施工当中，运用了一套新型的繁复石材线条安装施工工法，利用 3D MAX 建模了解拼接方式并利用激光测距仪、激光水平仪、垂直仪等放线定位。与传统放线方法如经纬仪定位、钢卷尺定距等相比，大大简化了工作程序，且精度提高，保证了石材的平整度及观感质量。

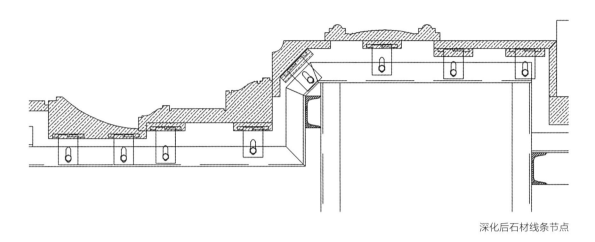

深化后石材线条节点

工艺原理

本工程工艺原理是借助 CAD 辅助设计，将石材拼接方式进行深化，并依照现场情况，运用 3D 或 BIM 进行打模打样，演化石材拼接方式及装饰效果。运用打样优势有三种：一是比传统施工工艺大大提高精度，避免线条因为尺寸问题更换；二是节约施工成本，提高施工质量；三是比较直观地预演拼接方式，可以更有效地提供初步效果，方便变更，不会造成工期进度损失及材料损失。

工艺流程

现 场 勘 测，CAD 图纸深化　勘测现场，初步放线确认整个形象墙整体性，保证尺寸比例完整，保证后续施工的准确度，将图纸线条组进行深化，并了解石材特性。

深 化 图 纸　经现场勘测后如无设计问题，在 CAD 上做出详细的排版，单面石材背景墙高 8.9m，宽 3.72m，所以在图纸排版时要将原有行架的现场位置在图纸中标明，以便确定拉结点的位置与间距。在进行排版时准确计算出石材所需要的材料，做到合理布局，将损耗降到最低。

画出详尽的局部节点图、重点部位的连接方式，确定每个干挂件的确认方式。保证石材线条组合拼接完整一致。

深化节点拼接方式　依照放线尺寸，将复杂线条、独立线条进行图纸排列深化，小线条组在不影响整体设计的前提下进行组合变更，使得线条组合排列合理，化繁为简，安装便利快捷。

依照现场尺寸深化后进行 3D MAX 深化　建立 3D MAX 或 BIM 绘图，绘制形象墙基层钢架示意，并对深化后的面层线条及拼接方式进行整合，查看合理性及可实施性，然后调整对比，交接深化放线。

现场指导放线　按照施工图纸现场施工放线，将背景墙整体按照三个模块分组，核对现场尺寸是否能实现。经放线实践，背景墙误差小于 5cm，可实现图纸尺寸。

石材排版下单　依照现场尺寸及深化后的钢架联结方式，将线条分组进行尺寸下单，依照大板及荒料尺寸，合理排布，并进行下单加工。

石材现场安装　石材加工完成后，将石材编号，对照排版图及 3D MAX 立体图进行施工交底安装，可三维展示现场立体钢架结构，节省交底时间，同时石材拼接方面也做出相应展示，简洁明了，提高施工效率。

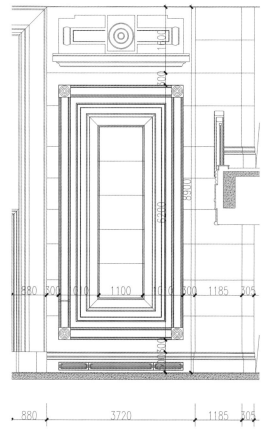

大堂形象墙立面图

石材线条安装完成图

吊顶改造

吊顶工程简介

老建筑整体加固面积为 4400m²，设计采用双层 8 号钢筋网表面喷 80mm 厚水泥砂浆保护层，整个工程使用了 80t 圆钢，633t 成品水泥砂浆。

大厅九宫格吊顶因重量过大，原建筑结构不能承载，为实现装饰效果，加固方案分为两步：

- 对原结构坡屋面进行碳纤维加固，此为补强措施。
- 吊顶荷载不能直接作用于楼板面，为满足设计要求在原屋面基础上做钢桁架转换层，钢架转换层将荷载传递到柱子上。吊顶钢桁架完成后，大堂吊顶的钢骨架基层将直接焊接在钢桁架上，保证结构稳定性与装饰效果。

特点、难点技术分析

控制工期是本工程的难点和重点，为了控制工期，采取了以下技术措施。

控制工期技术措施

- 在结构加固钢筋绑扎的同时做好施工穿插，走廊吊顶造型部分采用 30mm × 50mm 方管预制焊接而成，装饰造型在加工厂预制完成后直接上顶，方便快捷。
- 机电管线上顶之前先做好综合排布，保证吊顶标高与装饰效果。
- 因加固喷浆在冬季施工，为保证喷浆施工的温度，在喷浆前将所有窗户用保温毯封闭起来，达到保温效果。
- 装饰吊顶为满足 A 级防火要求，所有基层均采用轻钢龙骨与石膏板拼接完成。
- 为保证工期，在加固钢筋绑扎的同时进行吊顶基层制作与墙面干挂钢架槽钢的焊接，在喷浆前基本完成装饰墙面与顶面的基层制作。
- 为防止喷浆对干挂钢架造成污染，在喷浆前对干挂钢架进行附膜处理。
- 墙面加固喷浆完成效果，在结构加固施工的同时项目部组织放线、复核尺寸，进行石材排版工作。
- 走廊墙面石材为安装时，根据材料加工周期与施工进度要求。因石材线条的加工需采用荒料雕刻加工进度较慢，为节省工期，走廊墙面石材先安装石材平板，再安装石材线条。

走廊

音乐厅

・对于干挂完成石材，采取保护措施：地面满铺九厘板，板材接缝处采用木条加固拼接在一起，墙面石材贴专用保护膜。

音乐厅

空间简介

随着人们收入水平的不断提高，人们在追求物质生活现代化的同时，也在追求高度的精神文化生活，文化产品的需求和消费是当前消费的一大热点。

八大关小礼堂音乐厅兼顾会议发布、电影放映、歌舞演出、音乐会、宴请等多项功能。音乐厅作为欣赏音乐作品、营造艺术氛围的场所，主要由剧场及音乐大厅组成，并配备观赏座位及优质音乐设备，舞台两侧分别设有音响设备室、茶水间、灯光设备室及配电室，在提高混响质量的同时使观众置身音乐殿堂，享受音乐之美。由此可见音乐厅本身就如同一件艺术品，而音乐厅设计对于体现音乐魅力而言至关重要。合理精美的设计可渲染良好的观赏氛围，促使观众直接迅速融入音乐世界。

音乐厅听众席

青岛美术学校
装修工程

项目地点

山东省青岛市黄岛区国际生态智慧城范围内，东临朱宋路，南临淮河路，西侧、北侧均为规划道路

工程规模

总建筑面积 135800.93m^2，其中一期总建筑面积 105299.47m^2，地上总建筑面积 100891.73m^2，地下总建筑 4407.74m^2。施工范围体育馆、膳食中心、美术馆及图书馆造价 2896 万元

建设单位

山东省青岛第六中学

设计单位

青岛北洋建筑设计有限公司

开竣工时间

2015 年 7 月~2016 年 5 月

社会评价及使用效果

青岛美术学校占地面积 174960m^2，教室、膳食中心、体育馆、图书馆、美术馆等一应俱全，为学生提供了优越的学习生活环境，得到了学生、家长的高度评价。

青岛美术学校鸟瞰全景效果图

设计特点

学校环境建设是一种文化建设，是一种美学建树，是一个完整的、立体的艺术品，它反映了学校的文化品位和审美水准。对不同功能区采取不同的设计手法，诠释校园精神，反映校园文化的多元性、自由性、兼容并蓄，记载不同时期校园发展的历程。校园景观规划更加注重内外部空间的交融，强调空间的交往性，让师生在工作和学习之余，感受到各功能区域之间相互交融、渗透，以及"以人为本"的理念，并感受到在设计中传承文化、地域特色和学校人文精神特色的校园环境。同时，校园设计中还结合了自然，并充分利用自然条件，保护和构建校园的生态系统，努力打造绿色校园、生态校园。考虑到未来的发展，在设计中多采取结构多样、协调、富有弹性的设计方案，以适应未来变化，满足可持续发展。

入口大厅过道

入口大厅装饰

餐厅

大报告厅

小报告厅

功能空间

图书馆阅览室

空间简介

图书馆阅览室区域由办公区、图文信息和交流讨论区组成。

图书馆阅览室位于建筑三层，顶棚造型独特，设有树形休息座椅，可供读者休息、
阅览、交流、活动等。阅览室利用顶棚独特的流线造型设计，把功能空间划分开，
使整个空间富有层次感。

图书馆阅览室 1

图书馆阅览室 2

主要材料构成：顶棚采用乳胶漆饰面、木纹铝方通栅格；圆形造型采用透光软膜，转印木纹铝板造；地面采用仿木纹塑胶地板；墙面采用腻子乳胶漆。

技术难点与创新点概述

技术难点分析

青岛美术学校的顶棚造型别具一格，采用双曲弧面树形造型柱设计，现场制作安装，与专业加工厂制作相比，无需单独开设模具及制作台，同时节约运输时间及安装成本，大大缩短了工期。但由于双曲弧面树形造型柱造型复杂，加工同弧度弧形肋筋及同弧度肋条，在弧度掌握上要求高度精确。

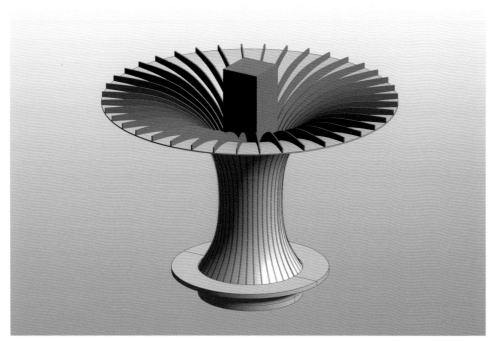

双曲弧面树形造型柱 BIM 建模图

解决方法及措施

根据 CAD 辅助设计及借助 BIM 技术进行现场模拟定位放线、现场弧度测放，加工弧形肋板、肋条，加工制作尺寸精确。采用现场制作安装，与专业加工厂制作相比无需单独开设模具及制作台，同时节约运输时间及安装成本，大大缩短工期。

利用 CAD 辅助设计及 BIM 技术与现场测量相结合的方式，将双曲弧面树形造型柱在计算机上以 1：1 比例建模。现场通过安装肋板、肋筋骨架就可确定双曲弧面树形造型柱的曲面位置，达到现场以弦定弧、以 CAD 辅助设计定造型的目的。可根据水平面和双曲面的夹角，用几何原理计算出肋板、肋筋长度进行弧形定位。同时，参照 BIM 模型要求弧度，采用 18mm 厚细木工板放样，加工同弧度弧形肋筋及同弧度肋条，弧度掌握要求精确；封面基层板曲线弧度放样加工。

施工图纸设计

图书馆采用独特的顶棚造型，乳胶漆饰面和木纹铝方通搭配设计，流动的线条感增加了空间的层次感，双曲弧面树形造型休息座椅，为单一的空间增加了设计感，同时充分利用空间提供了休息空间。

双曲弧面树形造型柱施工工艺

建模、弧度测放

根据双曲弧面树形造型柱设计尺寸，将 CAD 二维图纸运用 BIM 技术中 Revit 软件在电脑 1:1 建模测放，将弧度准确测定，分班放样，以保证弧度精确。

放模弧形肋板、肋筋制作，基层骨架制安。

基层衬板封面。

原子灰、油腻子基层施工。

硝基底漆及面漆施工控制。

美术学校体育馆篮球场区域

空间简介

体育馆篮球场区域由运动场和固定看台构成。

篮球场侧面

篮球场正面

整个体育馆分为两个运动场馆——篮球馆和游泳馆。体育馆由运动场和固定看台组成，功能分区明确，固定看台设计采用弧形造型，顶棚采用椭圆形穹顶双曲面铝板吊顶，异性呈现具有艺术性，拉大空间感。

主要材料构成：顶棚部分运用不锈钢钢丝条、白色铝板；地面采用塑胶地板、阻燃强化复合木地板；墙面采用木饰面吸声板。

体育馆篮球场地面采用阻燃强化复合地板，黄色和橘红色暖色系塑胶地板与固定看台的座椅颜色相呼应，墙面采用木质吸声板，减小运动产生的噪声，使场馆内部达到理想的吸声效果。

顶棚采用椭圆形穹顶双曲面铝板吊顶，大空间、大跨度，满足了体育馆类公共场所较高的观感要求。

技术难点与创新点概述

技术难点分析

体育馆篮球场采用椭圆形穹顶双曲面铝板吊顶，采用3mm厚双曲面铝板进行施工，与传统的石膏板吊顶等相比不但质量轻，而且大大增加了吊顶的承载力与强度，不易变形，延长了吊顶的使用寿命。椭圆形穹顶双曲面铝板吊顶施工是本工程重点。

解决方法及措施

借助 CAD 辅助设计，现场实际测量采用三维扫描仪对原土建结构进行建模，利用 Rhinoceros 软件进行双曲面铝板建模，与 Navisworks 相结合进行汇总生成整体空间模型，按照 1：1 的比例进行建模。按设计要求进行细化排版，同时深化局部详细节点。

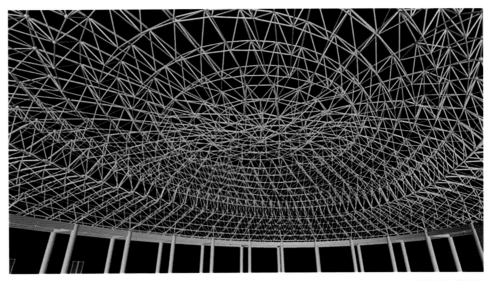

生成钢结构模型图

此工程案例按照设计图纸，先复核土建交接的椭圆中心点及轴线点位尺寸，详细标明尺寸误差；以椭圆中心点和纵横中心线为基准线，建立基准控制线，地下和地上均以此为依据。准确定位椭圆中心点后，以椭圆中心点为圆心，设长轴为 Y 轴、短轴为 X 轴，建立坐标系。在图上标出椭圆曲线上各轴线控制点的极坐标值。同一个中心点的内圆与外圆分别定位 26 个点，设 $S=$ 坐标点角度、$L=$ 原点到坐标点距离，以椭圆形圆心 O 作为极坐标原点，每一个坐标点的测角点都以 O 为原点，x、y 轴为基准线。

椭圆形穹顶双曲面铝板吊顶施工工艺

现场勘测，三维扫描	现场采用三维扫描仪对土建钢架结构整体进行扫描，形成三维钢架模型图，提高建模精准度及双曲铝板吊顶建模的实质使用性，保证后续施工的准确度。
深化图纸	经现场勘测后如无设计问题，在 CAD 上做出详细的排版，体育馆篮球场上空吊顶为椭圆形双曲铝板吊顶，总面积 2000m²；吊顶标高最高点 15.6m，最低点 12m。所以在图纸排版时要将原有圆钢桁架的现场位置在图纸中标明，以便确定拉结点的位置与间距。在进行排版时准确计算出吊顶所需的材料，做到合理布局，将损耗降到最低。 画出详尽的局部节点图、重点部位的连接方式，在确定吊顶完成面高度时，在图纸中首先应考虑面层铝板与基层框架安装固定方式。保证每一根龙骨都在板缝中，板缝宽度控制均匀一致、板面统一平整。
现场定位放线	按照设计图纸，先复核土建交接的椭圆中心点及轴线点位尺寸，详细标明尺寸误差；以椭圆中心点和纵横中心线为基准线，建立基准控制线，地下和地上均以此为依据。 依据前面所述的椭圆坐标定位原理，确定各轴线坐标点并标出椭圆轨迹上控制点的极坐标值。 根据椭圆曲线的对称原理，在确定椭圆第一象限四分之一后，进行详细的分组编号排版，其余三个象限的椭圆曲线与之对称。 在这四分之一中按照排版图把铝板吊顶分成 A、B、C、D、E、F、G 七大单元板块。其中 G 单元共两组，纵跨两个象限，其余每个单元共四组。

遵循"先整体、后局部,先地下、后地上"的原则,建筑物的主控制点、主轴线,反复校核检查,确保准确无误。

在中心点位置,将地面定位的单元板块平面定位点使用垂直仪抬升至吊顶标高位置,吊顶标高依据土建单位交接50线为基准。顶部使用红外线水平仪控制各点位在同一水平面,这样七大单元板块的三维定位点就确定了。

建立三维模型　依据轴线各定位点坐标、图纸上曲面弧度半径,用CAD做底控制,用Rhinoceros三维制图软件建立三维模型。将建成的铝板模型与通过三维扫描建立的土建模型及钢结构模型在Navisworks软件中进行整合,并采用漫游检查的形式详细查看铝板模型与土建模型的整体吻合度,检查无误后进行模型深化作业,导出加工龙骨及面层铝板所需的详细尺寸,将模型数据发给厂家进行材料加工生产作业,同时在Navisworks软件中制作出铝板吊顶的施工顺序,做好工人技术交底工作,确保后续施工的准确性,还可有效预见安装施工中易存在的问题,做到提前发现尽早解决。

安装工程及拉结杆安装　安装工程应在吊顶安装拉结杆龙骨前全部安装完成,并通过监理单位验收。

拉结杆安装前再次复核图纸要求及现场定位放线的精准度,现场焊接安装前做好动火审批手续,及现场的防火防范措施,施工前准备好接火斗,灭火器、焊机旁放置一桶备用水,如地面为水泥抹灰地面应做好隔热防火垫保护,将易燃易爆物品撤离焊接现场。施工人员自身做好护目镜、防火面具、绝缘手套、防护服等相关保护措施,高空作业需做好安全帽、安全带及临边防护等措施。

拉结杆安装严格按照模型数据定位标准,以吊顶完成面水平线为依据精确计算拉结杆长度,因现场跨度大,保证主龙骨的整体性,在材料上杜绝使用短料拼接。主龙骨墙面3mm镀锌钢板用膨胀螺栓固定安装,间距与龙骨间距一同。主龙骨首端与墙面事先安装的镀锌钢板焊接,因现场跨度大主龙骨与墙面固定起到稳定作用,且增加承重量。拉结杆安装要求与完成面保持90°垂直。

单元组弧形龙骨放线组装。将七个单元排版的中线投影尺寸在地面依次进行放线，长向龙骨按投影放线进行临时固定焊接，将龙骨拼装成单元板块后吊至顶部预排安装，预排无误后再加短向副龙骨。依此类推，每一段副龙骨安装均采用此种定位方法从而提高吊顶龙骨的整体性，为下一步的铝板安装打好基础。每一步工序前后都应进行校核，以保证安装的准确度。方管骨架安装完成后焊点处统一作防锈处理。

基层龙骨验收 基层框架安装完成后以弦长为依据，质检员现场复测龙骨投影间距。

铝 板 安 装 依照双曲面铝板模拟施工动画，所有铝板统一编号，进场时按批次编号顺序进行比对验收，验收合格后进行下一步铝板安装。铝板安装严格执行模型中排列的安装顺序，首先安装内圈300mm宽椭圆轨道铝板，再按单元组顺序进行安装，由划分的7个单元板块组成象限，由4部分象限组成整体椭圆形穹顶双曲面铝板吊顶。

篮球馆侧向视角

篮球馆局部 1

篮球馆局部 2

青岛崂山湾酒店精装修工程

项目地点

项目位于山东省青岛市崂山区，仙霞岭路以北，云岭路以西，地界南面为国际会展中心。

工程规模

项目为改造项目，装饰面积 16650.97m²，地下建筑面积 3866.90m²，地上改造面积 12784.07m²，造价为 6325 万

建设单位

青岛高新技术产业开发区发展总公司

设计单位

青岛建安建设集团有限公司

开竣工时间

2015 年 12 月 ~ 2016 年 5 月

获奖情况

2017 年中国建筑工程装饰奖

社会评价及使用效果

青岛崂山湾酒店位于崂山区高端金融商务核心地带，酒店毗邻崂山区政府、国际会展中心、青岛大剧院等世界以及著名的道教发源地崂山等，交通十分便利，是集商务、健身、SPA、中西美食与社交于一体的综合性酒店。

青岛崂山湾酒店外观效果

公共空间

设计特点

电梯厅

崂山湾酒店总建筑面积 16650.97m²，建筑层数为地上 6 层，部分为餐饮、会议、客房、办公等。地下 1 层，主要为厨房、办公、设备用房等。

项目在原有古典欧式风格的基础上，以简约的线条代替复杂的花纹，采用更为明快清新的颜色，既保留古典欧式的典雅与豪华，又更适应现代生活的休闲与舒适。

在经过设计师的认真研讨后，结合实际，针对空间的不同功能和地域性，从实际用途和审美艺术的双重角度出发，注重细节层面，完善原有建筑的

休息厅

走廊

同时，因形就势，因物巧施。在注重功能的前提下，从审美的角度进行合理科学的设计，不同空间材料和风格统一，材料上使用环保、新型、节能的现代材料。

采用简约欧式与古典主义风格相结合的设计手法。外观设计秉承节能、科技、环保理念，利用虚体与实体的穿插、对比，突出建筑的体量感，使外观在视觉上更加挺拔，更有力度。在细部的处理上，更加注重整体的协调与互补，既取得美观的效果，又保持了原有的建筑风貌。

设计在布局合理、空间协调的前提下，也充分利用创新意识，使设计空间美观、大方，造型新颖，体现装修的时代特征，追求时尚的审美情趣和办公空间的完美结合。

其设计哲学就是追求深沉里显露尊贵、典雅中浸透豪华，并期望这种表现能够完整地体现出居住者对品质、典雅生活的追求，及视生活为艺术的人生态度。

总体的设计指导思想是以未来酒店市场需求及经营目标为前提，充分考虑建成后的经营效果和投资回报，体现原生态特色。酒店的装饰体现重设计、轻材料的设计灵魂，重视酒店的文化内涵和个性体现。

功能空间

酒店接待大厅

空间简介

五星级酒店大堂设计要有一个明确统一的主题。统一可以构成一切美的形式和本质。

接待大厅为酒店重点区域，位于整体设计中心位置。门厅是人流的集散之地，鉴于其特殊的性质，现代、明快、环保成为设计的出发点。地面划分与建筑平面相呼应，强调空间的统一性。

大厅设计以简欧与古典主义为依据，顶部顶棚造型与地面的花遥遥呼应，为空间增添了几分现代的装饰美感，地面铺贴 800mm×800mm 的抛光砖，再加以黑白相间的石材拼花，给人以美观、简洁、大气的感受。墙面使用大面积的美国红

接待大厅

接待大厅 2

自助餐厅

橡木饰面，60mm 美国红橡实木线条装饰，利用材质本身光洁的特性，更使空间协调大气、美观大方。

大堂入口处，考虑到需要过渡室外的光环境，选用了节能灯，使室内光环境较为亲近、舒适，增加安全感。

过道结合起伏庄严的顶部造型，着力塑造古典、简洁、大气的空间感，米黄色石材的墙面配以抛光砖，营造了一个更加丰富、室内空间更加流通的方案。

主要材料构成：顶棚采用轻钢龙骨双层防水石膏板嵌缝、腻子乳胶漆；大堂墙面采用美国红橡木饰面；大堂地面采用黑白银石材 800mm×800mm。

自助餐厅

空间简介

自助餐厅具有动态就餐的特点，其空间布局必须以交通流线的设计为基准，保证不同空间的逻辑关系清晰、合理。客人流线与服务流线这两大流线不能有明显的冲突，必须减少交叉、混乱。设计中强调客人流线、弱化服务流线，令就餐过程更为轻松、优雅，也令餐厅的服务更显品质。

灯光系统设计中，以点式照明为主，辅以一定面积的漫反射光源，使地面成为视觉的重点，有利于提升空间格调。暖色调光源层层渲染出温馨放松的环境，光线柔和，层次丰富。

主要材料构成：顶棚采用石膏板乳胶漆；大堂墙面采用饰木饰面；大堂地面采用陶瓷锦砖拼砖。

自助餐厅一角

技术难点与创新点概述

技术难点分析

大理石颜色及品种极为丰富，可通过不同颜色有机组合为不同风格的图案，搭配得当可以打造出既别致又美观的装修效果，但耐酸碱性差、防水性能不好。一般陶瓷锦砖的铺贴都是比较麻烦的，通常是用在面积较小的位置。弧形的、花瓣形的都是比较难铺的，要慢慢地铺，不能过于心急。

解决方法及措施

按照设计图纸要求，对横竖装饰线、门窗洞等凹凸部分，以及墙角、墙垛、雨棚面等细部进行全面安排，按整张锦砖排出分格线。分格横缝要与窗台、门窗等相齐，并要校正水平，竖缝要在阳台、门窗口等阳角处以整张排列。这就要根据建筑施工图及结构的实际尺寸，精确计算排砖模数，并绘制排砖大样图。

弹线与镶贴：弹线前应抹好底灰，其做法同抹灰工程中的水泥砂浆做法。底灰应平整并划毛，阴阳角要垂直方正。然后根据排砖大样图在底灰上从上到下弹出若干水平线，在阴阳角及窗口边上弹出垂直线，在窗间墙、砖垛处弹出中心线、水平线和垂直线。

马赛克拼砖施工工艺

马赛克拼砖施工工艺流程：施工准备→清理刷洗基层→刮腻子粉→弹水平及竖向分格线缝→弹水平及竖向分格线缝→抹结合层→二次弹线→马赛克刮浆→铺贴马赛克→拍板赶缝→闭缝刮浆→洒水湿纸→撕纸→再次闭缝刮浆→清洗。

操作要点

基层处理　使用定型组合钢模板现浇的混凝土面层。如附有脱模剂，容易使粘贴发生空鼓脱落，可用 10% 浓度的碱溶液刷洗，再用 1：1 水泥砂浆刮 2 ~ 3mm 厚腻子灰一遍。为增加粘结力，腻子灰中可掺水泥质量 3% ~ 5% 的乳液或适量 108 胶。

拌合灰浆　结合层水泥浆水灰比 0.32 为最佳。

撕纸清洗　因为马赛克粗糙多孔，而水泥浆又无孔不入，所以施工中的清洗是最重要的一道工序。

操作方法

清理基层　将封面上的松散混凝土、杂物等清理干净，用 1：3 水泥砂浆打底，底层拍实，用括尺括平，木抹刀搓粗，阴阳交必须抹得垂直、方正，使墙面做到干净、平整。

弹分格线　马赛克规格每联尺寸为 308mm×307mm，联间缝隙为 2mm，排版模数即为 310mm。每 1 小粒马赛克背面尺寸近似 18mm×18mm，粒间间隙也为 2mm，每粒铺贴模数可取 20mm。

湿润基层　地面基层洒水湿润，刷一遍水泥素浆，随铺随刷。

抹结合层　结合层必须用强度等级不低于 32.5 的白水泥或普通硅酸盐水泥素浆，水灰比 0.32，厚约 2mm。结合层抹后要稍等片刻，手按无坑，只留下清晰指纹为最佳镶贴时间。

刮浆闭缝　马赛克每箱 40 联，一次或几次拿出马赛克在跳板上朝下平放，调制水灰比为 0.32 纯水泥浆，并用钢抹子刮在锦砖粒与粒之间的缝隙里。缝隙填满后尚应刮一层厚约 1 ~ 2mm 的水泥砂浆。若铺贴白色等浅色调的马赛克，结合层和闭缝水泥浆应用白水泥调配。

拍板赶缝　马赛克联面刮上水泥浆以后必须立即铺贴，否则纸浸湿了就会脱胶掉粒或撕裂。由于水泥砂浆未凝结前具有流动性，马赛克贴上墙面后在自身质量的作用下会有少许下坠，又由于手工操作的误差，联与联之间横竖缝隙易出现误差，因此铺贴之后尚应木拍板赶缝，进行调整。

撕　　纸　马赛克是用易溶于水的胶粘在纸上。湿水后胶便溶于水而失去粘结作用，很容易将纸撕掉。但撕纸时要注意力的方向尽量与墙面平行。

二次闭缝　撕纸后马赛克就外露了，如仍有个别缝隙可能不饱满而出现空隙，应再次用水泥浆刮浆闭缝。

清　　洗　再次闭缝约 10min 后用弯把毛刷蘸清水洗刷。用刷子洗刷至少要换 3 次清水。最后再人工浇清水冲洗一遍。

接待室

崂山湾节点接待室的设计采用了白色简约北欧风格，秉承简洁的特点，很受大众所喜爱，其严谨的装修设计风格特别受青睐。

色调强调装饰的两个极端：古典欧式以精美造型和华贵装饰，取得富丽复古的效果；现代欧式则把设计重点放在钢木结合上，将功能性放在第一位，给人以舒适的感受，强调简单结构与舒适度的结合。

接待室 1

接待室 2

山东威海信泰龙跃国际酒店室内装饰工程

项目地点

山东省威海市经济技术开发区大庆路 199-8 号（九龙城旁）

工程规模

总建筑面积 10282m²

建设单位

威海信泰安然房地产开发有限公司

设计单位

青岛建安建设集团有限公司

开竣工时间

2014 年 11 月 ~ 2015 年 6 月

获奖情况

2017 年中国建筑工程装饰奖

社会评价及使用效果

设备豪华，综合服务设施完善，服务项目多，服务质量优良。客人不仅能够得到高级的物质享受，也能得到很好的精神享受。各种各样的餐厅，较大规模的宴会厅、会议厅，综合服务比较齐全，是社交、会议、娱乐、购物、消遣、保健等活动的中心。

消防栓
FIRE HYDRANT

◎119

大堂入口区

设计特点

大堂作为酒店的精神核心,其室内装饰为现代风格,充分考虑精品酒店的时尚特征,又兼顾政务接待的功能,动静有序,时尚雅致。

酒店的宗旨是服务于人,因此设计理念以服务顾客为第一宗旨,在设计上处处考虑顾客的感受,大方、温馨舒适的设计使顾客们倍感温暖。设计充分体现人性化的设计理念,提倡亲情化、个性化、家居化,突出温馨、柔和、活泼、典雅的特点,满足人们丰富的情感生活和高层次的精神享受,适度张扬个性,通过多种形式创造出使客人舒心悦目、独具艺术魅力和技术强度的作品。

酒店外观

吧台与顶棚吊灯

吧台全景

走廊和电梯厅

在设计中通过细小环节向客人传递感情，努力实现酒店与客人的情感沟通，体现酒店对顾客的关怀，增加客人的亲近感，带动人气和知名度。同时酒店的设计充分体现了实用性的设计理念。酒店市场定位的不同，决定其所服务的顾客群体也会不同，那么对功能设计要求的适用性也不同，设计既满足了人性化，又满足了实用性的设计理念。

超前性的设计理念，能够做到统筹兼顾，既绿色环保，又时尚大气。充分考虑原材料的绿色环保性，将能源消耗降低到最小。

功能空间

酒店大堂

空间简介

大堂为重点区域，位于整体建筑中心位置。酒店的设计完全是现代的，灯光和彩色的设计是整个大厅的时尚。比如，大厅顶部的球面与地面的圆形图案相互呼应，再加上弯曲的墙壁和优雅的色彩，大堂顶部的表面设计，如星光闪烁，让客人犹如身临太空，情趣无穷；辅以材质装饰性较强的反光玻璃、不锈钢及抛光花岗石等，雕刻精美，充满现代感。首层大堂采用石材地面与大堂墙面立面颜色形成统一。

主要料构成：顶棚采用白乳胶漆饰面；大堂墙面采用罗马洞石石材饰面；大堂地面踏步采用象牙金米黄石材地铺。

技术难点与创新点概述

技术难点分析

酒店墙面造型别具一格，使用石材饰面铺装并绘制图案施工是工程重点。

解决方法及措施

所有型钢规格符合国家标准，热镀锌处理，焊接部位作防锈处理。不锈钢石材挂件钢号为 202 以上，或根据项目实际需要采用 304 钢号连接配件。

石材厚度要求在 20mm 以上，2500mm 高以内的墙体，竖向需采用 5 号槽钢，横向采用 40mm×40mm 型角钢，间距根据石材的横缝排版确定；2500mm 高以上的墙体，竖向需采用 8 号槽钢，横向采 50mm×50mm 型角钢，间距根据石材的恒丰排版确定。

石材墙面有 V 字横缝，阴角收口均需 45°（角度稍小于 45°，以利于拼接）拼接对角处理，应在工厂内加工完成。

陶瓷砖墙面施工工艺

墙面施工工艺流程：基层处理→吊垂直、套方、找规矩→贴灰饼→抹底层砂浆→弹线分格→排砖→浸砖→镶贴面砖→面砖勾缝与擦缝。

基层清理　首先将凸出墙面的混凝土剔平，对大钢模施工的混凝土墙面应凿毛，并用钢丝刷满刷一遍，再浇水湿润。如果基层混凝土表面很光滑时，亦可采取如下的"毛化处理"办法：将表面尘土、污垢清扫干净，用 10% 火碱水将板面的油污刷掉，随之用净水将碱液冲净、晒干，然后用 1：1 水泥细砂浆内掺水重 20% 的 108 胶，喷或用笤帚均匀地喷甩到墙面上，终凝后洒水养护。

大角吊垂直　相邻大角间接一通线、定基准、冲筋。根据墙面结构平整度找出贴陶瓷砖的规矩。如果是高层建筑物，外墙全部粘贴陶瓷砖时，应在四周大角和门窗口边用经纬仪打垂直线找直；如果是多层建筑，可从顶层开始用特制的大线坠崩低碳钢丝吊垂直，然后根据陶瓷砖的规格、尺寸分层设点、做灰饼。横线则以楼层为水平基

大堂内部

大堂接待处

大堂一角

线交圈控制，竖向线则以四周大角和层间贯通柱、垛子为基线控制。每层打底时则以此灰饼为基准点进行冲筋，使其底层灰做到横平竖直、方正。同时要注意找好突出檐口、腰线、窗台、雨棚等处饰面的流水坡度和滴水线（槽），坡度应不小于 3%。滴水槽深度、宽度均不小于 10mm，并整齐一致，而且必须是整砖。

抹 底 子 灰　底子灰一般分二次操作，抹头遍水泥砂浆，其配合为 1：2.5 或 1：3，并掺 20% 水泥里的界面剂胶，薄薄地涂一层，用抹子压实。第二次用相同配合比的砂浆按冲筋抹平，用短杆刮平，低凹处事先填平补齐，最后用木抹子搓出麻面。底子灰抹完后，隔天浇水养护。找平层厚度不应大于 20mm，若超过此值必须采取加强措施。

弹 控 制 线　贴陶瓷砖前应放出施工大样，根据具体高度弹出若干条水平控制线，在弹水平线时，应计算将陶瓷砖的品种、规格，定出缝隙宽度，再加工分格条。但要注意同一墙面不得有一排以上的非整砖并应将其镶贴在较隐蔽的部位。通过分格缝宽度调节，使分格条排列力求整联。

贴 陶 瓷 砖　镶贴应自上而下进行。高层建设采取措施后，可分段进行。在每一分段或分块内的陶瓷砖，均为自下而上镶贴。贴陶瓷砖时底灰要浇水润湿，并在弹好水平线的下口上，支上一根垫尺，一般三人为一组进行操作。一人浇水润湿墙面，先刷上一道素水泥浆再抹 2～3mm 厚的混合灰粘结层，其配合比为纸筋：石灰膏：水泥 =1：1：2，亦可采用 1：0.3 水泥纸筋灰，或 1：1 水泥砂浆内掺水泥重 5% 的 108 胶，用靠尺板刮平，再用抹子抹平；另一人将陶瓷砖铺在木托板上，缝隙里灌上 1：1 水泥细砂子灰，用软毛刷子刷净麻面，再抹上薄薄一层灰浆。然后一张一张递给另一人，将四边灰刮掉，两手执住陶瓷砖上面，在已支好的垫尺上由下往上贴，缝隙对齐，要注意按弹好的横竖线贴。镶贴的高度应根据当时气温条件而定。

揭纸、调缝　贴完陶瓷砖的墙面，要一手拿拍板，靠在贴好的墙面上，一手拿锤子对拍板满敲一遍，然后将陶瓷锦砖上的纸用刷子刷上水，约等 20～30min 便可开始揭纸。揭开纸后检查缝隙大小是否均匀，如出现歪斜、不正的缝隙，应按顺序拨正贴实，先横后竖、拨正拨直为止。

擦　　　缝　粘贴后 48h，先用抹子把近似陶瓷锦砖颜色的擦缝水泥浆摊放在需擦缝的陶瓷锦砖上，然后用刮板将水泥浆往缝隙里刮满、刮实、刮严。

再用麻丝和擦布将表面擦净。遗留在缝隙里的浮砂可用潮湿干净的软毛刷轻轻带出，如需清洗饰面时，应待勾缝材料硬化后进行。外墙应选用具有抗渗性能的勾缝材料。

客房

空间简介

客房是酒店获取经营收入的主要来源，是客人入住后使用时间最长的，也是最具有私密性的场所，是酒店最主要的分区之一。客房位于酒店八层，为双人间，整体感觉是舒适、温馨。灯光照明采用灯带照明为主，辅助以台灯和墙头背景板上的射灯，亮度有所节制，使人感到放松。

客房卧室

客房会谈区

客房卫生间

主要材料构成：顶棚采用轻钢龙骨双层防水石膏板和白乳胶漆；墙面采用有色乳胶漆；地面铺设欧典米黄石材和地毯。

技术难点与创新点概述

技术难点分析

酒店吊顶部分造型独特，加工比较繁琐。故如何保证该部位的材料加工、安装质量控制，是本工程的重点。吊顶造型为此次难点。

解决方法及措施

吊顶为多层轻钢龙骨石膏板吊顶，面层为涂料，墙面与地面为人造石英石，设计效果需达到吊顶、墙面、地面浑然一体的效果，即吊顶、墙面、地面无明显的界限。

· 大面积吊顶需每隔 12m 在承载龙骨（主龙骨）上部焊接横卧主龙骨一道，以加强承载主龙骨侧向稳定性和吊顶整体性，主龙骨焊接应防止焊接时杠杆变形。

· 设伸缩缝，在建筑构造变形缝处，根据构造变形缝伸缩量选用变形装置。

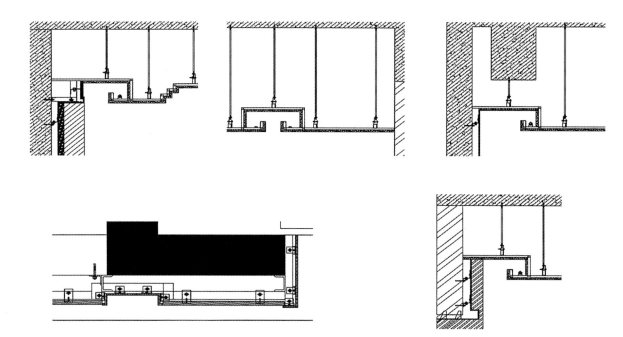

客房吊顶节点图

包间 1

包间 2

·跨中龙骨适当起拱，且不小于短跨的 1/200。同墙相接的龙骨一端搁置在边龙骨上；同墙面连接的次龙骨靠墙一端可卡入边龙骨；横撑龙骨用其搭件同次龙骨固定。

吊顶施工工艺表述

施工工艺流程：抄平、放线→排板、分格→（吊顶造型等安装）→安装周边龙骨→吊筋安装→安装主龙骨→拉线粗平→安装次龙骨、横撑龙骨→拉线精平→（吊顶隐蔽验收全部完成后）安装第一层纸面石膏板→补板缝→安装面层纸面石膏板→（开灯孔等）→点防锈漆、补缝、粘贴专用纸带。

餐厅摆台

餐厅

菏泽市中医医院门诊病房综合楼二期装饰工程

项目地点

山东省菏泽市牡丹区丹阳路 1036 号

工程规模

总建筑面积 54721.6 m^2，其中地上建筑面积 43440.7m^2，地下建筑面积 11280.9 m^2，装饰造价 4630 万元

建设单位

菏泽市中医医院

设计单位

上海中建建筑设计院有限公司

开竣工时间

2015 年 4 月 20 日～ 2016 年 7 月 18 日

获奖情况

2018 年中国建筑工程装饰奖

菏泽市中医医院门诊病房综合楼大厅

设计特点

菏泽市中医医院门诊病房综合楼二期装饰工程，地下 1 层，地上 23 层，是一所集医疗、教学、科研、预防、康复、急救于一体的全民所有制三级甲等综合性中医医院，属于公共设施建筑。

因其作为医院的特殊性，首先在总体布局上满足流线及功能分区的要求，然后巧妙有效地将急诊、门诊、病房、医技及配套用房清晰地、有机地结合起来，实现了紧凑、高效及人文、环保。

设计主题为以人为本，绿色环保。医院工程特别注重门诊、病房的内装修风格、色调搭配及建筑材料的选择，以达到内与外、形与色的交融。在选材上更是采用橡胶材料，柔性、防腐、防滑、无噪声。

医院住院大厅为古今对话，一脉相承。整体设计方案采用中式风格，华夏五千年灿烂文明，在这里得到很好的展现。运用现代手法诠释中式的传统文化，采用中式文化的"神"和中式风格的"意"来突破，给人一种全新的中式理念。

古代医术与古代建筑风格的交融，让患者进入其中，不由得生出一种安全感与亲切感。

功能空间

住院大厅

空间简介

大堂由挂号收费、出入院新农合医保办理、中西药房、超市及职工餐厅组成。面积 4651m²，其中等候大厅的面积 471m²。总高度为 16.7m。住院大厅以空间分割明确及特有的装饰手法在整体建设中拥有独特的地位。进入大厅，首先映入眼帘的是综合服务窗口，即挂号、门诊处，简单直接，解决患者最急迫的需求。上

住院大厅

部用中式元素"扇门"加以点缀，在石质的建筑中加一点木色。木色代表着生机，同样在这些患者眼中，医院就是他们的生机所在。

右侧则是服务台，在突出其所在性的同时又不是那么抢眼。其上方则是从医做人必备的五大美德"仁义礼智信"，在给予患者一种精神上的安抚之时，又时刻提醒着医院的工作人员做人从医之道。其余的空间入口在大厅之中，装饰设计让这些入口与整体温情交融，而不是冰冷而空洞地矗立在那里。

大堂两侧分别设置了服务台和休息等候区。进门处为综合业务区，在右侧留有通往一期的入口，右侧进深处为上行下行的转折处。左侧留有小门可通往外部。

主要材料构成：大厅地面采用奥特曼米黄石材、浅啡网纹石材、爵士白大理石、云灰石材组合铺装；大厅立面以玛利亚米黄大理石为主要材料，配以木纹防火板、定制牡丹陶瓷壁画、古铜色拉丝不锈钢踢脚、白色人造大理石台面等材质；大厅顶棚采用纸面石膏板与白色乳胶漆，幕墙玻璃采光顶由专业幕墙设计。

技术难点与创新点概述

技术难点分析

菏泽市中医医院的立面较高，施工工艺复杂，采用多种材料，相互组合延伸，勾勒出一幅美轮美奂的"中式画卷"，让其成为菏泽市中医医院最为抢眼、出彩的一部分，高空间、大进深、工艺繁琐是本工程重点。

墙面与地面分别为以玛利亚米黄大理石、奥特曼米黄石材为主，设计需达到顶棚、墙面、地面浑然一体的效果，即顶棚、墙面、地面无明显的界限。

由于涉及无数石材的加工、下单工作，需采用现场实测实量与 BIM 理论模型相结合的方式进行材料下单及加工。

由于整个大厅进深与高度相对较大，且立面多为石材干挂，难以处理，易出现接头颜色参差不齐，以及部分石材干挂后，块与块之间连接不直、颜色不均匀等现象影响装饰效果。

解决方法

在安装前，检查底座的外形尺寸，并对其进行较大的偏差修补。
绷紧吊坠强度适中。在拧紧时避免拐角代码和连接板滑动，或因紧固力不足而导致松动。
应严格要求端面钻进。当块的厚度不同时，块体的外表面应作为钻孔的基准。
每次完成干挂作业时，应检查几何尺寸和外观，然后预先调整工作，继续操作。
方块材料在安装前应选择分色，差别太大不合适。

瓷砖干挂施工工艺流程

土建结构基准线移交→复检结构尺寸→定位放线→安装预埋件→拉分格线定出连接钢骨架位置→检查放线精度→安装钢骨架→骨架安装质量检查→安装不锈钢挂

件→挂件安装质量检查→安装瓷砖挂板→挂板安装质量检查→清理→上报业主、监理，进行质量验收。

复查由总包方移交的基准线。

按照设计要求，进行预埋件定位放线，确定预埋件的安装位置，并在墙地面上钻孔，遇有结构配筋处，相应上下或左右平移安装位置。

检查定位无误后，按照图纸要求埋设预埋件，同时检查预埋件是否安装牢固、位置准确。当设计无要求时，预埋件的标高偏差不应大于 10mm，预埋件的位置与设计位置偏差不应大于 20mm。

按照设计的分格尺寸，对原墙面为轻质的，需要进行钢骨架的竖向定位；标高超过 3m 时，竖向槽钢需要三点固定；对没有圈梁的墙体，中间固定点需要用 10mm 钢板加穿心螺栓固定，然后进行横向角钢的定位，并将所有的定位于墙面做标记；对于原墙面为钢筋混凝土墙面的，不需要设竖向钢龙骨，但需要在墙面上弹出角码定位线。

检查横向、竖向骨架定位无误后，安装钢骨架。先按照定位放线安装竖向主骨架，与预埋件以满焊形式焊接。竖向骨架安装完后，安装横向角钢，按照放线位置，将角钢与竖向骨架焊接，焊缝为满焊。

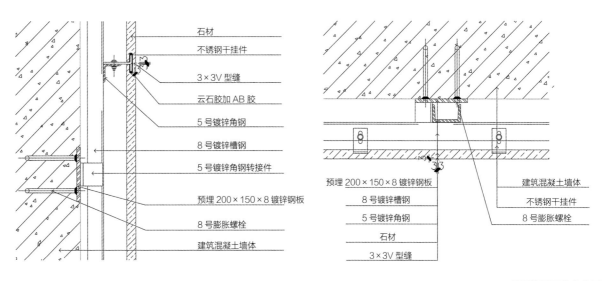

墙面瓷砖干挂节点图

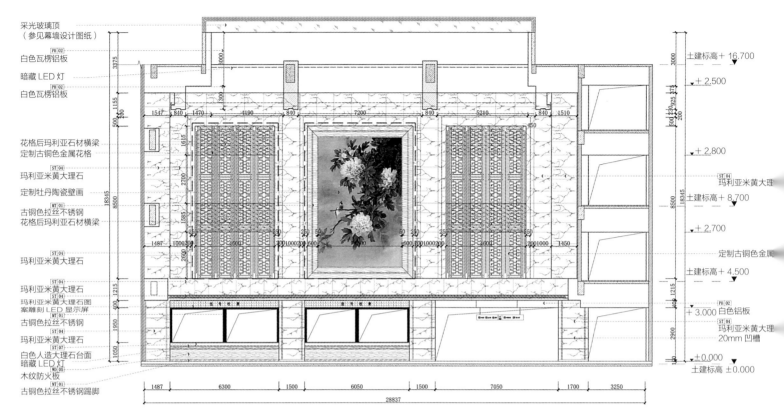

采光玻璃顶
（参见幕墙设计图纸）

白色瓦楞铝板 [PH 02]

暗藏 LED 灯

白色瓦楞铝板 [PH 01]

花格后玛利亚石材横梁
定制古铜色金属花格

玛利亚米黄大理石 [ST 04]

定制牡丹陶瓷壁画

古铜色拉丝不锈钢 [MT 01]
花格后玛利亚石材横梁

玛利亚米黄大理石 [ST 04]

玛利亚米黄大理石 [ST 04]
玛利亚米黄大理石图
案雕刻 LED 显示屏
古铜色拉丝不锈钢 [MT 01]
玛利亚米黄大理石 [ST 04]
白色人造大理石台面 [ST 07]
暗藏 LED 灯
木纹防火板 [WD 05]
古铜色拉丝不锈钢踢脚 [MT 01]

住院大厅立面图

土建标高＋16.700

＋2.500

＋2.800

玛利亚米黄大理
土建标高＋8.700

＋2.700

定制古铜色金属
土建标高＋4.500

[PH 02] 白色铝板
＋3.000
玛利亚米黄大理
20mm 凹槽

±0.000
土建标高 ±0.000

检查骨架安装情况是否与设计要求相符，焊接是否牢固，发现问题及时调整。焊点满足要求后防锈处理三遍。

经检查骨架安装无误后，按照图纸要求安装不锈钢挂件。不锈钢挂件与横向角钢采用螺栓连接，将不锈钢挂件与横向角钢事先钻好的孔对准后用螺栓紧固。

检查不锈钢挂件安装情况，确定符合要求后，准备安装石材挂板。为了保证完成面的整体效果，板材加工精度要高，并精心挑选板材，避免色差。安装挂板前，应根据设计要求，确定原墙体结构面与瓷砖挂板完成面间尺寸后，在墙体的一端做出上下生根的金属丝垂线，根据现场的土建水平基准点，拉水平通线以控制安装挂板的板缝水平度。并以此为依据，根据现场墙体长度、高度设置足够的垂线、水平线。通过垂线及水平线形成的标准平面来控制挂板安装的垂直度、平整度。确保控制线无误后，开始安装瓷砖挂板。将已加工好的挂板，安装于不锈钢挂件上，安装时要注意板材边角的保护，不要损坏挂板的 U 型槽口，同时要确保安装的牢固性和安全性。

修整好后，进行交工清理。将瓷砖板面清理干净后上报业主、监理进行质量验收。

地面石材施工流程

以施工大样图和加工单为依据，熟悉了解各部位尺寸和做法，弄清洞口、边角等部位之间的关系。

基 层 处 理	将地面垫层上的杂物清理干净，用钢丝刷刷掉粘结在垫层上的砂浆，并清扫干净。
试 拼	在正式铺设前，对每一房间的大理石板块应按图案、颜色、纹理进行试拼，将非整块板对称排放在房间靠墙部位，试拼后按两个方向编号排列，然后按编号码放整齐。
弹 线	为了检查和控制大理石板块的位置，在房间内拉十字控制线，弹在混凝土垫层上，并引至墙面底部，然后依据墙面 +50cm 标高线找出面层标高，在墙上弹出水平标高线，弹水平线时要注意室内与楼道面层标高一致。
试 排	在房间内的两个相互垂直的方向铺两条干砂，其宽度大于板块宽度，厚度不小于 3cm。结合施工大样图及房间实际尺寸，把大理石板块排好，以便检查板块之间的缝隙，核对板块与墙面、柱、洞口等部位的相对位置。
刷水泥素浆及铺砂浆结合层	试铺后将干砂和板块移开，清扫干净，用喷壶洒水湿润，刷一层素水泥浆（水灰比为 0.4 ~ 0.5，不要刷得面积过大，随铺砂浆随刷）。根据板面水平线确定结合层砂浆厚度，拉十字控制线，开始铺结合层干硬性水泥砂浆（一般采用 1：2 ~ 1：3 的干硬性水泥砂浆，干硬程度以手捏成团，落地即散为宜），厚度控制在放上大理石板块时高出面层水平线 3 ~ 4mm。铺好后用大杠刮平，再用抹子拍实找平（铺摊面积不得过大）。
铺砌大理石板块	首先，板块应先用水浸湿，待擦干或表面晾干后方可铺设。其次，根据施工区域拉的十字控制线，纵横各铺一行，作为大面积铺砌标筋用。依据试拼时的编号、图案及试排时的缝隙（板块之间的缝隙宽度，当设计无规定时不应大于 1mm），在十字控制线交点开始铺砌。先试铺，即搬起板块对好纵横控制线铺落在已铺好的干硬性砂浆结合层上，用橡

皮锤敲击木垫板（不得用橡皮锤或木锤直接敲击板块），振实砂浆至铺设高度后，将板块掀起移至一旁，检查砂浆表面与板块之间是否相吻合。如发现空虚之处，应用砂浆填补，然后正式镶铺。先在水泥砂浆结合层上满浇一层水灰比为 0.5 的素水泥浆（用浆壶浇均匀），再铺板块，安放时四角同时往下落，用橡皮锤或木锤轻击木垫板，根据水平线用铁水平尺找平，铺完第一块，向两侧和后退方向顺序铺砌。铺完纵横行之后有了标准，可分段分区依次铺砌，一般宜先里后外，逐步退至门口，便于成品保护，但必须注意与楼道相呼应。也可从门口处往里铺砌，板块与墙角、镶边和靠墙处应紧密砌合，不得有空隙。

灌缝、擦缝　在板块铺砌后 1 ~ 2 昼夜进行灌浆擦缝。石材现场切割部位，必须在断面补刷防护液，然后再根据大理石颜色，选择相同颜色矿物颜料和水泥（或白水泥）拌合均匀，调成 1:1 稀水泥浆，用浆壶徐徐灌入板块之间的缝隙中（可分几次进行），并用长把刮板把流出的水泥浆刮向缝隙内，至基本灌满为止。灌浆 1 ~ 2h 后，用棉纱团蘸原稀水泥浆擦缝与板面擦平，同时将板面上水泥浆擦净，使大理石面层的表面洁净、平整、坚实，以上工序完成后，面层加以覆盖。养护时间不应小于 7d。

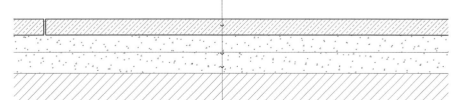

石材
30mm 厚 1:2.5 水泥砂浆粘贴层
找平层
原土建地面

地面石材铺贴剖面图

挂号收费窗口④　挂号收费窗口⑤　挂号收费窗口⑥　挂号收费窗口⑦　挂号收费窗口⑧

住院大厅

病房

空间简介

作为与人的生命健康息息相关的医院环境，空间氛围给人带来的影响是绝不能忽视的。由于功能要求的限制，医院的环境往往是最"普通"的，但这种"普通"的设计也往往是最"诚实"的，它们必须恰当地反映出医疗行业的特点。在病房的设计中，我们本着真实以及以人为本的原则结合专业技能，从其功能性出发，摆正艺术追求在整个医疗环境中所处的位置，从小处着眼发挥艺术创造的潜能。

根据现代医疗理论，患者接受诊治和康复的过程中，其心理和精神状态的表现情况发挥着相当重要的作用。所以，在对就医环境的设计上必须高度重视和关怀患者的心理及精神状态，力求使患者在就医的过程中保持平和、轻松的心境，从而更好地配合医生的治疗，提高治疗的效果。

方案的设计充分考虑功能定位，材料运用方面环保使用、价位合理、符合消防要求，遵循人机工程学与自然规律，突破传统医院设计理念，全力打造一个方便、安静、祥和、温馨的氛围以及色彩温馨、淡雅、和谐、明亮的空间属性。

主要材料构成：地面选用整体无缝、脚感舒适的米黄色地胶；墙面采用米黄色乳胶漆及易清洁、耐消毒药水擦洗、防火、耐水、耐湿、持久稳定的抗倍特板；顶棚采用白色乳胶漆并安装隔帘导轨。

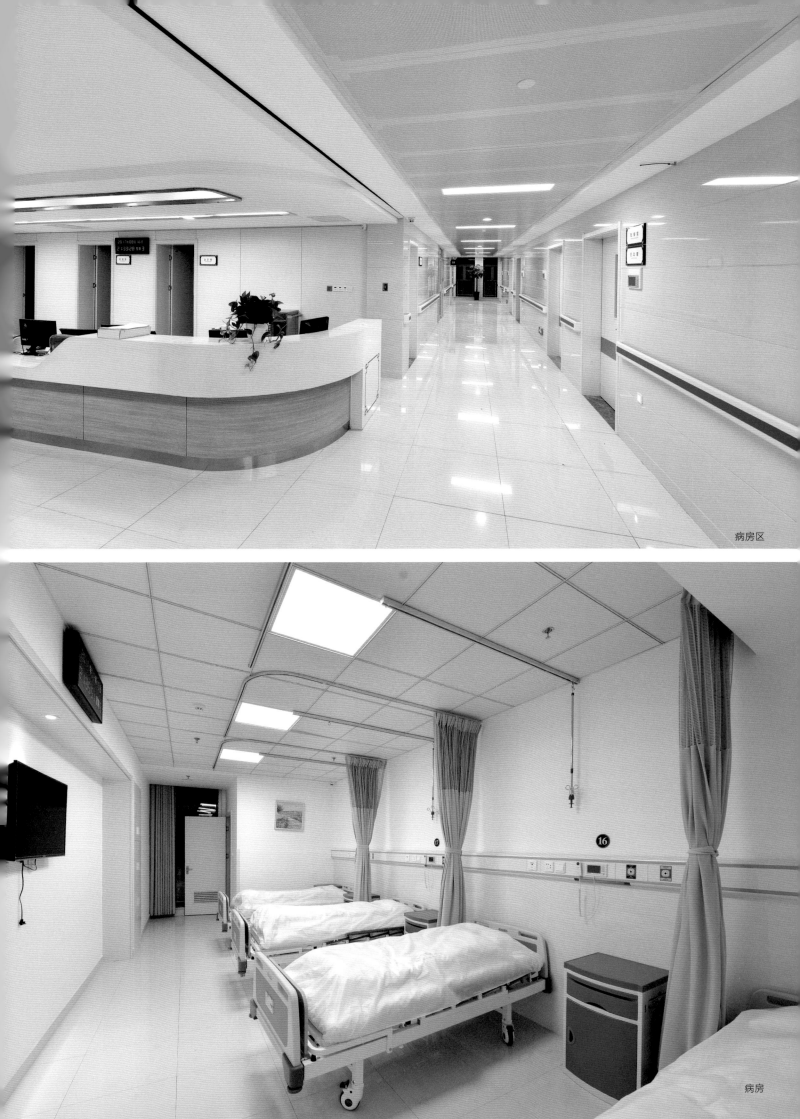

病房区

病房

会议室 1

会议室 2

展示区

走廊

青岛市中国石化安全工程研究院新址建设装饰装修工程

项目地点

山东省青岛市崂山区松岭路 339 号（滨海大道以西、金水路以南）

工程规模

总建筑面积 39611m²，造价 4550.36 万元

开竣工时间

2015 年 7 月~ 2016 年 5 月

设计单位

青岛北洋建筑设计有限公司

建设单位

中国石油化工股份青岛安全工程研究院

社会评价及使用效果

青岛市新址建设工程综合楼装饰装修工程表达了建筑身份，创造了时代形象，展现了领先意识，示范了绿色建筑。

中国石化安全工程研究院外景

设计特点

青岛市新址建设工程综合楼装饰装修工程强调区块经济效益最大化，力求提升区域人文精神，凝聚社会与自然活力，展现时代生活理念，在保证投资回报的同时创造具有时代感的建筑；综合运用绿色建筑技术，使绿色建筑技术与建筑有机结合。

创新技术手段，坚持以人为本。建筑设计秉承现代化、智能化、集约化和实用性的指导思想，坚持"以人为本"。功能布局上采用模块化的设计手法，形成理性高效、分区明确的功能平面，流线互不交叉，保持不同性质和功能之间的相对独立性。

材料材质要求严格。在材料的选用、构造的设计上，满足防潮、防腐、耐久、耐磨、易清洁；技术成熟，开孔、安装、拆卸便捷，便于施工与维护；经济实用，满足投资控制指标。公共区所有装饰材料燃烧性能等级都应达 A 级。装修材料的标准化，都是需要经过方案预排版、现场尺寸复核、正式排版的流程进行加工及安装，对设计、施工和材料厂家都有较高要求。

功能空间

八层办公区

空间简介

八层办公区区域由主任室、研究室、休息区组成。

办公区内部设计充分考虑环保，采用高晶板集成带吊顶；高晶板采用600mm×600mm 和 1200mm×600mm 镂空方格，1200mm×600mm 满天星，600mm×1200mm 小圆点，T12 型主副龙骨，W 形边龙骨；集成带选用双光槽集成带，形式美观，观感质量较好。

主要材料构成：多功能厅顶棚采用高晶板、乳胶漆；地面采用石材、地板、地毯；墙面采用乳胶漆。

办公区

技术难点与创新点概述

技术难点分析

高晶板集成带吊顶形式多样，构件工厂化制作，现场组装，施工简单、快速高效，且具有绿色、天然、质轻、隔声、美观、强度大、自重轻、平整度好、不易变形、耐火、结构多样性等优势。

如何根据排布综合顶棚图，将强弱电、消防、空调管线布放到位，消防、空调试压，空调管道做好保温，回送风口接好软布等隐蔽设备安装到位是项目的重点。

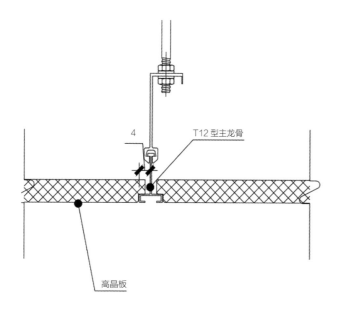

吊挂安装示意图

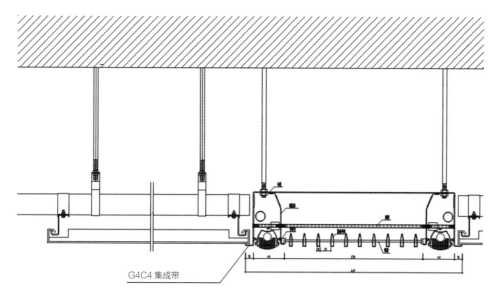

集成带安装示意图

解决方法及措施

安装原理

准确确定吊杆位置，吊杆直接固定 T 形主龙骨，T 形副龙骨挂在主龙骨上，然后安装面板，节省传统工艺的轻钢主龙骨。

集成带集成灯具、风口、喷淋灯设备终端，使设备终端安装方便。

高晶板集成带吊顶施工工艺

综合顶棚图	根据消防、强弱电点位图、空调新风图,排布综合顶棚图。
	消防管、暖气管及空调新风管图纸叠加,应考虑水平平面位置是否有冲突,垂直高度是否有冲突、是否满足标高要求。
墙上弹标高线	根据设计标高,在四周墙面、柱面弹标高线。
确定喷淋、风道、风口、灯具位置	在地面确定喷淋头、烟感、温感、空调进出风口、新风口、点光源照明、线光源照明、面光源照明、背景光源等的位置并弹线。
确定吊杆位置排布	根据消防、强弱电点位图,排布综合顶棚图。
	在地面确定主龙骨的位置,不得与风口、灯具干涉。
	吊杆在主龙骨正上方,吊杆间距不得大于1200mm。
	吊杆距主龙骨端头不得大于300mm。
	吊杆长度不得大于1500mm,大于1500mm或有风管需做反支撑或转换层。
	弹垂直相交线确定吊杆的位置。
吊杆安装	把确定的位置用吊线法镜射到顶棚上并标记。
	用电锤打孔,孔的深度60～70mm,电锤做好限位。
	安装吊杆,膨胀管不得高出楼面,螺母后有垫圈,螺母必须拧紧。
集成带安装	根据综合顶棚图实地放线确定集成带位置。
	安装吊转角集成带壳体。
	安装喷淋。按图纸要求将水管穿过壳体预留孔连接到消防主管(90°弯头)。
	喷淋头露出壳体边所在面2.5cm,水压调试。
	安装空调风口(连接风管,回风口需安装过滤网)。
	安装强弱电线路。
	安装灯具、设备终端。
	调试(灯具调试、终端调试)。
	安装好集成带装饰面板(调整间隙、平整度)。
承载龙骨安装	边龙骨安装。边龙骨不能有松动迹象,水平误差在±1mm内,接缝平整偏差小于0.5mm。
	T形龙骨安装。用吊挂件安装T形主龙骨,副龙骨安装在主龙骨上,主、副龙骨走向直度偏差控制在±1mm内,接缝平整偏差小于0.5mm。
高晶板安装	板四边均匀,对齐旁边板,误差控制在1mm内,上方向的一边放置在集成带的壳体翻边上,一边放置在主龙骨上,两短边放置在副龙骨上。集成带、主副龙骨安装完后精调水平,接缝平整偏差小于0.5mm。

新办公区

空间简介

新址办公区域由办公区、会议室、接待室和休息区组成。梯间和卫生间布置在中间位置，办公区、会议室、接待区围绕展开，形成回形格局，功能分区明确。

主要材料构成：顶棚乳胶漆、标准高晶板；地面采用艺术编织地胶；墙面采用乳胶漆、木饰面、软硬包布。

技术难点与创新点概述

特点、难点技术分析

青岛新址综合楼的顶棚采用高晶板集成带吊顶，高晶板不仅施工速度快，更能使吊顶整洁、时尚、美观，在满足功能的前提下，把杂乱的终端设备隐蔽其中。

解决方法与措施

准确确定吊杆位置。吊杆直接固定 T 形主龙骨，T 形副龙骨挂在主龙骨上，然后安装面板。

前厅内部

前厅及入口

前厅休息区

电梯厅

集成带集成灯具、风口、喷淋灯等设备终端。设计定制集成带和高精板龙骨的搭接可以做到平整牢固。

高晶板吊顶施工工艺

综合顶棚图	根据消防、强弱电点位图、空调新风图，排布综合顶棚图。 检查消防管、暖气管及空调新风管图纸是否有叠加，水平平面位置是否有冲突，垂直高度是否有冲突，是否满足标高要求。
墙上弹标高线	根据设计标高，在四周墙面、柱面弹标高线。
确定喷淋、风道、风口、灯具位置	在地面确定喷淋头、烟感、温感、空调进出风口、新风口、点光源照明、线光源照明、面光源照明、背景光源等的位置并弹线。

休息区

确定吊杆位置
排   布

根据消防、强弱电点位图，排布综合顶棚图。在地面确定主龙骨的位置，不得与风口、灯具干涉。

吊杆在主龙骨正上方，吊杆间距不得大于 1200mm。

吊杆距主龙骨端头不得大于 300mm。

吊杆长度不得大于 1500mm，大于 1500mm 或有风管需做反支撑或转换层。

弹垂直相交线确定吊杆的位置。

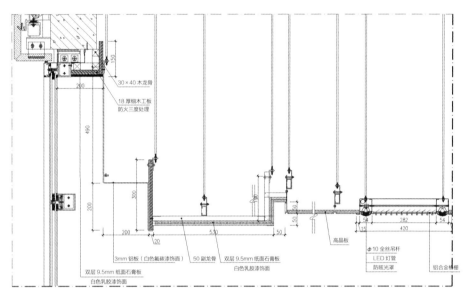

办公楼有设备带石膏板与高晶板顶棚详图

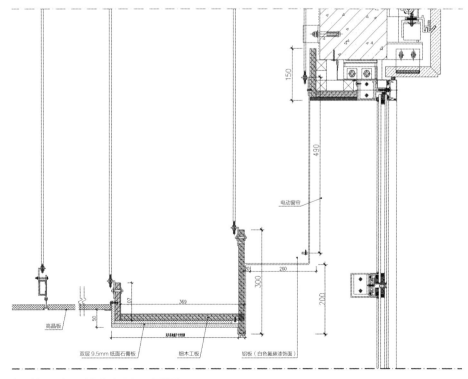

办公楼无设备石膏板与高晶板顶棚详图

吊 杆 安 装	把确定的位置用吊线法镜射到顶棚上并标记。
	用电锤打孔，孔的深度 60 ~ 70mm，电锤做好限位。
	安装吊杆，膨胀管不得高出楼面，螺母后有垫圈，螺母必须拧紧。
集 成 带 安 装	根据综合顶棚图实地放线确定集成带位置，安装吊转角集成带壳体。
	安装喷淋（按图纸要求将水管穿过壳体预留孔连接到消防主管，喷淋头露出壳体边所在面 2.5cm，水压调试）；安装空调风口（连接风管，回风口需安装过滤网）；安装强弱电线路；安装灯具、设备终端；调试（灯具调试、终端调试）；安装好集成带装饰面板（调整间隙、平整度）。
承载龙骨安装	边龙骨安装。边龙骨固定不能有松动迹象，水平误差在 ±1mm 内，接缝平整偏差小于 0.5mm。
	T 形龙骨安装，用吊挂件安装 T 形主龙骨，副龙骨安装在主龙骨上，主、副龙骨走向直度偏差控制在 ±1mm 内，接缝平整偏差小于 0.5mm。
高 晶 板 安 装	板四边均匀，对齐旁边板，误差控制在 1mm 内，上方向的一边放置在集成带的壳体翻边上，一边放置在主龙骨上，两短边放置在副龙骨上。集成带、主副龙骨安装完后精调水平，接缝平整偏差小于 0.5mm。

小会议室

走廊

餐厅

大会议室正面

山东省第二十三届运动会指挥中心精装修工程

项目地点

位于山东省济宁市北湖新区，轩文路以东，南外环以南，北湖中路以西，圣贤路以北

工程规模

建筑总面积 221410m²，其中地上建筑面积 157454m²，地下建筑面积 63956 m²。室内装饰面积 36801.96 m²，造价 4960 万

开竣工时间

2012 年 6 月 ~ 2014 年 5 月

建设单位

东亚装饰股份有限公司

设计单位

中国建筑设计研究院

社会评价及使用效果

济宁作为儒家文化重要发祥地，"儒济天下，和宁四方"是中国传统文化对现代社会的积极作用及深远影响的完美表达。山东省第二十三届运动会指挥中心在设计中始终贯穿这一主题思想，以象征手法来体现传统文化与现代社会的结合，用中国传统装饰语言来表现，用木材和石材的组合搭配来传达传统文化与现代文化之间的传承与纽带关系，是现代设计和文化传统结合的典范。

山东省第二十三届运动会指挥中心效果图

设计特点

山东省第二十三届运动会综合指挥中心位于济宁市北湖新区中心区，项目总建筑面积 23 万 m^2。施工区域涵盖大堂、会议室、贵宾接待室、普通办公室、领导办公室等多种功能区域，建筑形态围湖呈半弧圆润舒展，不仅顺应了自然结构形态，而且景观朝向开阔大气。

大堂

指挥中心的二层南大堂以石材作为主要装饰材料，通过传统建筑符号在细部的运用，营造一种高大厚重的氛围，来传达办公空间的严肃与庄重性。

一层南北大堂以方形柱体石材体块和细部的传统装饰图案，营造一种古代书简的视觉意象，含蓄地传达传统文化的空间主题。

接待厅以传统建筑形式和装饰符号设计元素，以石材为主要材料，营造庄重华美并且具有典型中式审美特征的空间氛围。

电梯厅

木质地板

顶棚装饰

展厅延续大堂的设计风格，以厚重庄严的空间构成语言，木石结合的材料构成传达中华文化的精髓。开放的平面布局，流通的空间设计，给展示空间以极大的自由性。展墙展柜的结合布置满足了不同展品的展示要求。顶部以"儒济天下，和宁四方"的篆字造型设计的吊灯点明空间的设计主题。

设计风格大气庄严、严谨细实、简洁华美、现代传统。

功能空间

大堂

空间简介

大堂正中的八根柱子作为大堂主要的结构支撑。大堂正面是一面影墙壁，左右两侧是一副石刻对联。省运会南大堂位于二层大厅区域，布局上采用传统的左右对称形式，正面影壁墙上是以反映济宁地方特色和传统文化为主题的石雕壁画，左右两侧为点明"儒济天下，和宁四方"主题的石刻对联，正好形成古典室内的经典布局。

主要材料构成：顶棚采用白色铝板、条形冲孔铝板和软膜顶棚饰面；地面采用700mm×1300mm西班牙米黄石材；墙面采用西班牙米黄石材和铝板；隔墙采用100mm×50mm×0.6mm轻钢龙骨石膏板。

技术难点与创新点概述

技术难点分析

轻钢龙骨石膏板隔墙可以对空间进行有效的分隔，具有环境污染小、节约建筑成本等优点。材料本身具有质轻、隔声、抗震以及较为优异的现场加工性能。但由于轻钢龙骨石膏板隔墙在施工中对定位放线和制作安装的技术要求较高，特别是在大跨度和弧形结构中更是难以进行质量控制，致使其在施工和使用过程中容易造成开裂、变形等质量问题，影响使用和观感。

二层南大堂

解决方法及措施

利用信息化技术对施工图纸进行深化设计，现场测量放线。采用 80mm×40mm 热镀锌方管，切割为 300mm 长一段作为地梁，在轻钢龙骨隔墙底部每间距 600mm 设置一个，利用角码焊接于地梁两侧，用膨胀螺栓将角码固定于地面，地梁的上沿高度与地面完成面齐平。在地梁上侧铺设地龙骨，地面与地龙骨的间隙用水泥砂浆填补、捣实。

地梁的设置可以有效防止地面湿作业时接触浸泡造成腐蚀，导致龙骨使用寿命缩短，隔墙变形。地梁使用 80mm×40mm 热镀锌方管既可以增强隔墙的稳固性，又可以增强其本身的抗腐蚀性。地梁高度与完成面齐平，对隔墙本身能起到很好的校正水平、垂直的作用。

门洞位置利用上下通长的热镀锌方管作为门梁左右两侧的受力支撑点，在门洞上方再焊接一根横向的热镀锌方管，使三根方管形成"H"型结构，进一步增强门洞

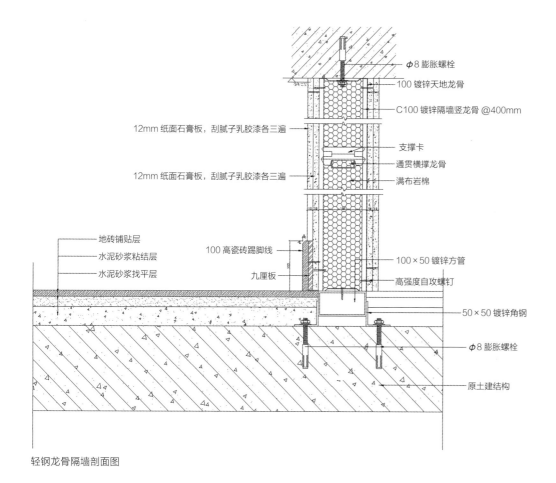

轻钢龙骨隔墙剖面图

位置的隔墙稳固性，在门扇安装后可以有效减小因门的开启而对隔墙造成的压力，避免门套位置石膏板的拉裂变形。

门头上方石膏板封板时采用"刀把"结构，使石膏板的对接缝在门的中线上方，这样门头上方的石膏板看起来就如同两把刀的形状。这种结构可以使石膏板的接缝避开门扇受力点，减小因门扇开启对石膏板造成的震荡，避免石膏板开裂。

轻钢龙骨石膏板隔墙施工工艺

现场尺寸复核	利用经纬仪、水准仪、激光标线仪等设备测算出现场实际尺寸，将现场实际尺寸与图纸尺寸进行对比，查找出两者之间的区别，为图纸深化提供准确的数据参考。
施工图纸深化	根据现场实际尺寸进行图纸深化，利用 CAD 技术和 3D 模拟技术确定隔墙的实际位置及尺寸，精确定位。
现场定位放线	根据深化后的施工图和 3D 模型，安排工人进行现场施工放线。施工放线时，要先对天地龙骨进行定位放线，并复测龙骨的垂直度，然后再确定热镀锌方管地梁的位置。龙骨线应弹出天地龙骨的安装完成位置线，而不是石膏板的完成面线。地梁应弹出地梁的中心点。这样可以保证龙骨的准确性和地梁的可调节性。
地 梁 安 装	根据地梁的中心点进行地梁安装，地梁安装时根据地面的完成面来确定地梁的安装高度，采用 80mm×40mm 热镀锌方管，切割为 300mm 长一段作为地梁，在轻钢龙骨隔墙底部每间距 600mm 设置一个，门洞的两侧各设置一个，利用角码焊接于地梁两侧，焊接处进行防锈处理，用膨胀螺栓固定角码于地面，地面与地龙骨的间隙用水泥砂浆填补、捣实。
加固方管安装	按照放好的位置线在入户门洞和消防门洞位置安装加固方管，每个门洞的加固方管共计三根，左右各一根顶天立地的通长方管，门横梁上侧一根方管，三根方管成"H"形结构，连接处焊接固定并进行防锈处理。门洞位置利用热镀锌方管作为门梁支撑点，增加门洞本身的强度，门扇安装后可以有效降低门套的拉裂概率。
龙 骨 安 装	待地梁和加固方管安装完毕后，首先在地梁上安装地龙骨，然后再安装天龙骨。隔墙龙骨按照 400mm 间距排布安装，固定后进行二次尺寸、角度、位置复核校正。 在横向隔墙与竖向隔墙进行 T 型连接的部位，结合采用创新的背龙骨技术与 Z 型固定法。在横向轻钢龙骨隔墙与竖向轻钢龙骨隔墙的连接点上背上一根通长的轻钢龙骨，然后用 Z 字型进行自攻螺丝固定，保证每个点受力均匀。
岩 棉 填 充	在轻钢龙骨隔墙上先封一层单面单层石膏板，然后从另一侧进行岩棉填充，岩棉填充要饱满，不能出现漏填现象，线管位置也应进行岩棉覆盖。

石膏板罩面及 接 缝 处 理	根据已经定位安装完成的龙骨骨架间距和角度合理裁切石膏板，为防止裂缝，双层石膏板第一层和第二层要错缝安装，两面隔墙连接的部位，石膏板每层要单独搭接，石膏板之间留 3 ~ 5mm 缝隙，缝隙间补嵌腻子，粘贴防裂纸带。

南主楼一层会议室

空间简介

南一层会议室由主席台和听众席组成。

此会议室是可以容纳近 50 人的小型会议室。会议室每个座位配备讲话扩声器，会议室配有投影仪。

主要材料构成：顶棚采用石膏板白色乳胶漆、白色冲孔铝板、软膜吊顶；地面是自流平地面，地台采用大芯板基层木地板；墙面采用木挂板、硬包。

技术难点与创新点概述

特点分析

雪弗板硬包既可满足观感质量又能保证室内空气环境质量，安装方便快捷、平整度高、变形系数小。如何降低安装时的用胶量、有利于环保是重点。

南主楼一层会议室

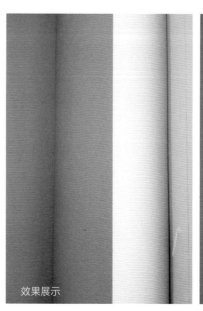

效果展示

解决方法及措施

坚持"样板领路"的方针，通过两次样板实验，出现质量问题如下：阳角硬包与基层之间不密实、起泡；硬包直边位置不顺直、呈半圆状；刺鼻性气味严重、空气质量差；板面变形系数大、整体平整度差。

针对样板间出现的质量问题，经过分析论证，决定采用"轻钢龙骨＋石膏板墙面基层＋雪佛板硬包"的施工工艺，用"魔术粘"将雪弗板硬包安装在石膏板基层墙面上。

面基层做法采用"φ8 通丝螺杆＋卡尺龙骨 +50 副龙骨 +9.5 厚纸面石膏板"的做法，提高墙面基层的刚度，降低基层受潮变形；硬包自身基层采用新材料雪佛板，与传统材料（密度板、防火板）相比，雪佛板硬度高、平整度好、吸水率低、变形系数小、环保；安装方式采用"魔术粘为主"的做法，降低胶用量，环保性能好。

主要分为两部分：硬包基层雪弗板定尺下单、板四周做 45° 背倒角处理，使棱角更顺直、更挺，硬包阳角处做 L 型一体处理；基层喷胶、制作硬包、吸附加热，制作成品。

按照下单编号尺寸依次安装，采用红外线辅助找基准线，采用魔术贴安装硬包，安装后做好成品保护，避免污染。

雪弗板硬色墙面施工工艺

墙面基层制作安装	放线、安装通丝螺杆、卡尺，龙骨间距控制在 800mm 以内。
	安装竖龙骨（间距 400mm）
	安装纸面石膏板
	雪弗板硬包工厂加工
	根据放线尺寸及编号，开始基层下单；基层下单时，板的四周做 45° 内倒角处理，使棱角更顺直、更挺。
	阳角位置需做成 L 型一体，基层碰尖胶粘后，采用枪钉固定。
	基层下单表面清理后，在基层表面整体喷胶（均匀）后，将面层与基层粘贴，采用刮板刮平，并将完成的硬包放入高温下吸附。
吸附处理	将吸附后的硬包，背面采用码钉固定整齐，按照编号分类堆放，并做好成品保护。
现场安装	安装方式以"魔术粘为主、胶粘为辅"，突破传统安装方式。
	安装过程中，用红外线反投于墙面，作为安装依据，保证缝隙大小一致。

图书在版编目（CIP）数据

中华人民共和国成立70周年建筑装饰行业献礼．东亚装饰精品／中国建筑装饰协会组织编写；东亚装饰股份有限公司编著．—北京：中国建筑工业出版社，2019.10
ISBN 978-7-112-24290-0

Ⅰ．①中… Ⅱ．①中… ②东… Ⅲ．①建筑装饰－建筑设计－青岛－图集 Ⅳ．①TU238-64

中国版本图书馆CIP数据核字（2019）第213423号

责任编辑：王延兵　费海玲　张幼平
书籍设计：付金红　李永晶
责任校对：姜小莲

中华人民共和国成立70周年建筑装饰行业献礼
东亚装饰精品
中国建筑装饰协会　组织编写
东亚装饰股份有限公司　编著
　　＊
中国建筑工业出版社出版、发行（北京海淀三里河路9号）
各地新华书店、建筑书店经销
北京方舟正佳图文设计有限公司制版
北京雅昌艺术印刷有限公司印刷
　　＊
开本：965×1270毫米　1/16　印张：12¾　字数：314千字
2020年8月第一版　2020年8月第一次印刷
定价：200.00元
ISBN 978-7-112-24290-0
　　　（34096）